Emil Selenka, Franz Keibel

Studien über Entwicklungsgeschichte der Tiere

Zehntes Heft: Menschenaffen

Emil Selenka, Franz Keibel

Studien über Entwicklungsgeschichte der Tiere
Zehntes Heft: Menschenaffen

ISBN/EAN: 9783742888969

Hergestellt in Europa, USA, Kanada, Australien, Japan

Cover: Foto ©berggeist007 / pixelio.de

Manufactured and distributed by brebook publishing software
(www.brebook.com)

Emil Selenka, Franz Keibel

Studien über Entwicklungsgeschichte der Tiere

STUDIEN

ÜBER

ENTWICKELUNGSGESCHICHTE

DER TIERE.

HERAUSGEGEBEN VON

DR. EMIL SELENKA

PROFESSOR IN MÜNCHEN.

ZEHNTES HEFT:

MENSCHENAFFEN

(ANTHROPOMORPHAE)

STUDIEN ÜBER ENTWICKELUNG UND SCHÄDELBAU.

ZUR VERGLEICHENDEN KEIMESGESCHICHTE DER PRIMATEN

VON

DR. EMIL SELENKA

ALS FRAGMENT HERAUSGEGEBEN

VON

DR. FRANZ KEIBEL

PROFESSOR DER ANATOMIE IN FREIBURG I. BR.

MIT 67 ABBILDUNGEN IM TEXT UND EINER TAFEL.
EINGELEITET DURCH EIN LEBENSBILD SELENKA'S VON PROF. A. A. W. HUBRECHT IN UTRECHT.
MIT EINEM PORTRÄT SELENKA'S.

WIESBADEN.

C. W. KREIDEL'S VERLAG.

1903.

MENSCHENAFFEN

(ANTHROPOMORPHAE)

STUDIEN ÜBER ENTWICKELUNG UND SCHÄDELBAU

HERAUSGEGEBEN

VON

DR. EMIL SELENKA

PROFESSOR IN MÜNCHEN.

FÜNFTE LIEFERUNG:

ZUR VERGLEICHENDEN KEIMESGESCHICHTE DER PRIMATEN

VON

DR. EMIL SELENKA

ALS **FRAGMENT** HERAUSGEGEBEN

VON

DR. FRANZ KEIBEL

PROFESSOR E. O. IN FREIBURG IM BREISGAU.

MIT 97 ABBILDUNGEN IM TEXT UND EINER TAFEL.

EINGELEITET DURCH EIN LEBENSBILD SELENKAS VON PROF. A. A. W. HUBRECHT IN UTRECHT.

MIT EINEM PORTRAIT SELENKAS.

WIESBADEN.

C. W. KREIDEL'S VERLAG.

1903.

Druck der kgl. Universitätsdruckerei von H. Stürtz in Würzburg

Inhaltsverzeichnis der I. bis V. Lieferung.

IV

EMIL SELENKA

27. FEBRUAR 1842   21. JANUAR 1902.

EIN LEBENSBILD

VON

DR A. A. W. HUBRECHT

PROFESSOR IN UTRECHT.

Emil Selenka

Emil Selenka

27. Februar 1842 — 21. Januar 1902

Wenn der Freund dem Freunde einen Nachruf widmet, so erwartet man ein von der Freundschaft verschönertes Bild; wenn ein Schüler die wissenschaftliche Bedeutung seines geliebten Lehrers zu schildern sucht, so vermutet man eine von der Dankbarkeit beeinflusste und nicht ganz objektiv gehaltene Darstellung.

Wenn aber, wie in dem vorliegenden Falle, Schüler und Freund in einer Person vereint sind und dreissig Jahre der Freundschaft diese und die Dankbarkeit gestärkt und vertieft haben, so muss schon die grössere Besonnenheit des reiferen Alters die Feder desjenigen lenken helfen, welcher aus der Fülle innerer Empfindungen und schöner Erinnerungen ein getreues Bild des lieben Verstorbenen zu entwerfen sucht, ein Bild, welches einem weiteren Kreise nicht nur die wissenschaftliche Bedeutung, sondern auch die Persönlichkeit des Dahingeschiedenen vor Augen führen soll.

In früher Jugend, mächtig angeregt durch seinen Vater, den in Braunschweig hochangesehenen Hofbuchbinder Jakob Selenka, der keine Gelegenheit versäumte, in ihm den Sinn für die Schönheiten der Natur zu wecken und zu pflegen, zeigte Emil schon als Knabe lebhaftes Interesse für die Natur und deren Erscheinungen; selbstangelegte Sammlungen von Käfern, Schmetterlingen und Gesteinen zierten sein Zimmer. Bald befreundete er sich mit dem Mikroskope, das ihm eine Wunderwelt erschloss, und fertigte selbständig die schönsten Präparate.

Auch die Mutter muss grossen Einfluss auf die Entwickelung des Sohnes gehabt haben. Ein Jugendfreund schreibt: Mit inniger Liebe hing er an ihr und wusste in seiner sinnigen Weise ihr Herz stets zu beglücken, sodass sie noch in spätem Alter wiederholt den Ausspruch that: „Mein Jüngster hat mir nie Kummer gemacht." Ein feinsinniger, geistesanregender Zug ging durch's Selenka'sche Haus und das gemüt- und charaktervolle Familienleben, in dem der Knabe heranwuchs, giebt uns wohl den Schlüssel dazu, wie noch der gereifte Mann sich so grosse Weichheit des Gemütes und so feines Zartgefühl bewahren konnte, das seine Freunde ihm nur enger verband, ihn selbst aber auch wohl mancher Enttäuschung aussetzte.

SELENKA besuchte zuerst die städtische Bürgerschule, später das Gymnasium und das Collegium Carolinum zu Braunschweig, den Vorläufer der jetzigen technischen Hochschule Carolo Wilhelmina. Nach bestandener Reifeprüfung bezog er als stud. rer. nat. die Universität Göttingen. Im 24. Lebensjahre promovierte er mit einer philosophischen Dissertation: „Beiträge zur Anatomie und Systematik der Holothurien." Die Dissertation war unter Leitung KEFERSTEIN's zustande gekommen, welcher des jungen Studenten reiche Begabung und frische Arbeitskraft gleich gewürdigt und ihn zu seinem Assistenten, sowie im Jahre 1867 zu seinem Begleiter auf einer wissenschaftlichen Reise an die atlantische Meeresküste, nach St. Malo, gewählt hatte.

Jene Wertschätzung von seiten KEFERSTEIN's war bestimmend für die weitere Laufbahn SELENKA's; die Untersuchungen von Meerestieren der französischen Küste wurden massgebend für seine Geistesthätigkeit in der jetzt folgenden Periode seines Lebens.

Dieser zweite Abschnitt nimmt seinen Anfang mit jenem Tage, an welchem der jugendliche Forscher und bisherige Göttinger Assistent das Wohnzimmer im Elternhause zu Braunschweig mit dem Ausrufe betrat: „Mutter, Dein Sohn ist Professor geworden!" Sowohl ihm selbst, der unmittelbar vorher, den Wunsch seines Vaters erfüllend, das Oberlehrerexamen abgelegt hatte, als seinen hochbeglückten Eltern kam diese Ernennung zum Professor an der Leidener Hochschule ganz unerwartet.

SELENKA war sich wohl bewusst, dass keine leichte Aufgabe seiner harrte, indem er, der junge Mann und Anfänger, an Stelle des bekannten Zoologen van der HOEVEN die volle Vertretung des so umfangreichen Faches zu übernehmen und nebenbei noch Geologie zu lesen hatte, dies alles in einem fremden Lande und baldthunlichst in einer fremden Sprache. Vielleicht ahnte er auch, dass die in Leiden massgebende ältere Schule, besonders der damalige Direktor des Reichsmuseums, H. SCHLEGEL, von ihm erhofften, dass er als Schüler KEFERSTEIN's sich als bestimmter Gegner der damals eben unter DARWIN's Führung sich allgemein geltend machenden Evolutionstheorie bewähren würde.

SELENKA hat während der sechs Jahre (1868—1874), in welchen er den Leidener Lehrstuhl inne hatte, die Erwartungen, die man von ihm als Forscher und als Dozent gehegt, weit übertroffen. Als Gegner der Evolutionslehre hat er sich aber nicht entpuppt, im Gegenteil in seinen Schülern warmes Interesse für die neue Anschauung zu wecken gewusst. Wenn dies auch für seinen Gönner SCHLEGEL wohl eine Enttäuschung gewesen sein mag, ist Selenka dennoch mit diesem in engem, freundschaftlichen Verkehr geblieben, was sowohl seinem fesselnd liebenswürdigen Wesen, wie seiner dem älteren Landsmann imponierenden, rastlosen Energie zuzuschreiben ist.

Zu den Schülern Selenka's aus jener Zeit gehörten A. Vrolik, Hugo de Vries, M. Trub, Holk u. A. Als ich mich 1873 als Utrechter Student der Naturwissenschaften ihm vorstellte, rief der Eindruck, den diese Begegnung auf mich machte, sofort den Entschluss hervor, Utrecht mit Leiden zu vertauschen.

Noch ganz erfüllt von seinem Aufenthalt am Meere hatte Selenka in Leiden die Nachbarschaft der Nordseeküste sofort auszunutzen gewusst. Er hatte sich da gegenüber dem Reichsmuseum ein sehr einfaches, improvisiertes Laboratorium aus drei Zimmern, darunter eines als Aquarium, eingerichtet, wo durchlüftete Seewasserbehälter den verschiedensten Seetieren einige Tage das Leben sicherten.

Selenka, der bereits als Knabe sich durch technische Fertigkeit und Erfindungssinn ausgezeichnet und der später auch die Anregung zur Plattenmodelliermethode gegeben hat, welche es uns ermöglicht, die Serienschnitte körperlich zu rekonstruieren (wie es nachher Born und andere so vortrefflich weitergeführt), wusste hier in seinem provisorischen Aquarium allerlei Sinnreiches zu erdenken; es war eine Lust, als Student da unter seiner Leitung zu arbeiten, in einer Richtung, die erst einige Jahre später, nach der Eröffnung der zoologischen Station zu Neapel, Gemeingut aller Zoologen geworden ist.

Während er hier seinen Schülern täglich neue Probleme aus der Histologie, Anatomie und Entwickelungsgeschichte vorlegte, je nachdem frisches Material von der Seeküste eingebracht wurde, hatte er selbst einige Themata zur eigenen Bearbeitung ins Auge gefasst (Bau des Gefässsystems von Aphrodite aculeata, früheste Entwickelungserscheinungen von Tergipes claviger und Purpura lapillus), mit welchen er sich an einem Tische im gemeinschaftlichen Arbeitsraum eifrigst beschäftigte.

Sein Zeichentalent fesselte schon damals unsere Aufmerksamkeit ganz besonders. Charakteristisch für seine über alles Kleinliche erhabene Denkungsart ist, dass er uns Laboranten, wenn wir seine Vorlesungen zu hören wünschten, davon abhielt mit der Begründung, dass die eigene Arbeit, das fortgesetzte eigene Mikroskopieren und Sezieren eine viel nutzbringendere Beschäftigung sei als das Kolleg hören. Und wenn später die Examenstunde schlug, wussten wir, dass er nie von uns auswendig gelernte Vielwisserei verlangte, sondern uns über das prüfte, was uns aus eigener Anschauung und persönlicher Bearbeitung bekannt und vertraut geworden war. Selenka hat durch seine frische, energische Weise und den Enthusiasmus für seine Wissenschaft seine Schüler wirklich zu begeistern gewusst. Sein fröhliches: „Nur zu!" hat uns oft, wenn die Schwierigkeiten sich zu häufen drohten, neuen Mut zu ihrer Bewältigung und neue Freude an der Arbeit eingeflösst.

Nicht nur durch die Einführung anregender Lehrmethoden, wie z. B. in der vorhin erwähnten Herbeischaffung bis dahin in Laboratorien kaum geschehenen, frischen Arbeitsmateriales, sondern auch durch Gründung einer wissenschaftlichen Zeitschrift (Niederländisches Archiv für Zoologie) und durch die Vorarbeiten zur Errichtung eines vom Reichsmuseum unabhängigen Instituts hat der damals bereits durch Malaria stark Heimgesuchte mit unermüdlichem Eifer die Interessen des von ihm vertretenen Faches im höchsten Grade gefördert.

Die Durchsetzung des Baues eines zoologischen Institutes war um so schwieriger, als Leiden eben durch den Besitz jenes reichhaltigen zoologischen Staatsmuseums sich weiterer Raumanforderungen für zoologische Zwecke überhoben glaubte. Obwohl SELENKA daher die ausschlaggebenden Autoritäten durchaus nicht immer auf seiner Seite hatte, wusste der fremde und junge Professor es durchzusetzen, dass die Kuratoren der Universität sowie der Minister den Plan verwirklichen halfen.

Es ist unleugbar, dass SELENKA die Entwickelung zoologischen Forschens in den Niederlanden im letzten Drittel des 19. Jahrhunderts in ganz neue Bahnen gelenkt hat und dass bei der Gründung der „Nederlandsche Dierkundige Vereeniging" (1872) und von deren zoologischer Station (1876), wenn er auch bei letzterer persönlich nicht mehr beteiligt war, der von ihm geweckte Geist kräftigst mitwirkte.

Als SELENKA im Jahre 1874 dem an ihn ergangenen Rufe in die deutsche Heimat, nach Erlangen, Folge leistete, erleichterte ihm wohl der Umstand, dass er auf holländischem Boden ständig an Malaria litt, den Abschied von dem ihm lieb gewordenen Wirkungskreise.

In den zwanzig Jahren seiner Erlanger Thätigkeit hat SELENKA neben einem reichausgefüllten Forscherleben seine geniale Veranlagung als akademischer Lehrer zu voller Höhe entwickelt. DOEDERLEIN, DISSE, DE MAN, BELOW, VOGLIUS, C. KAISER, KURT LAMPERT, TH. WALTHER, R. KRAUSHAAR, L. HILGNER, A. FLEISCHMANN, F. WILL, M. VON KOWALEVSKY rechnen sich zu seinen Schülern. Die fesselnde Wirkung seiner durch Grösse der Auffassung und lebendige Anschaulichkeit der Darstellung sich auszeichnenden Vorlesungen führten ihm dort Hörer aller Fakultäten zu und stets hat er es verstanden, auf seine Schüler nicht nur als anfeuernder und begeisternder Lehrer, sondern als Mensch und Persönlichkeit einzuwirken.

Auch in Erlangen hatte SELENKA ungenügende Arbeitsräume vorgefunden, und es ist seinem Antriebe mit zu danken, dass auch dort ein neues, ganz nach seinen Plänen angelegtes zoologisches Institut entstand. Freilich verging eine Reihe von

Jahren, bis er die zwar poetisch gelegenen, aber baufälligen und für Mikroskoparbeiten wenig geeigneten Arbeitsräume in der alten Schlossorangerie mit dem stattlichen Neubau vertauschen durfte. Auch hier waren es zunächst Seetiere und deren Anatomie und Entwickelungsgeschichte, welche ihn fesselten[¹]. Zwar hatte er jetzt die Seeküste nicht mehr so nahe wie in Leiden, aber die zoologische Station zu Neapel war soeben eröffnet und wurde, so wie jene von Triest und Villafranca, zu wiederholten Malen von ihm besucht. Dort entstanden seine wundervollen Zeichnungen über Echinodermen-Entwickelung, welche den 27. und 33. Band der Zeitschrift für wissenschaftliche Zoologie zieren, sowie seine in den „Zoologische Studien" erschienene Entwickelungsgeschichte der Seeplanarien u. s. w. Was er auf diesem Gebiete geleistet hat, können wir jedem Handbuch der Entwickelungsgeschichte entnehmen. Niemand hat versäumt, sich seine schöne Abbildungen zu Nutze zu machen. Nebenbei wurden Gephyreen sowohl für das Semper'sche Sammelwerk, wie für die Challenger-Bände bearbeitet.

Somit umfasst die zweite Periode im wissenschaftlichen Leben Selenka's, welche sich von 1868—1882 erstreckt, einen Zeitraum, in welchem er sich vorwiegend mit wirbellosen Seetieren beschäftigte und unsere Kenntnisse über dieselben bedeutend förderte.

Die letzten zwanzig Jahre seines Lebens, welche ich als die dritte Periode zusammenfassen möchte, waren anderen Aufgaben gewidmet.

Durch seine Arbeiten über Echinodermen und Planarien war er in die verwickelten Probleme vergleichender Embryologie hineingezogen worden (die übrigens schon im Anfang seiner wissenschaftlichen Laufbahn grosse Anziehungskraft für ihn besassen), und es konnte nicht ausbleiben, dass versucht wurde, die Tragweite der Befunde, welche bei Wirbellosen konstatiert worden, nun auch auf dem Gebiete der Wirbeltiere festzustellen. Lehrreiche Verallgemeinerungen waren zu erwarten und jene Probleme dann wohl leichter der Lösung entgegenzuführen.

Es ist ein Glück, dass Selenka bei diesem Sprunge ins Wirbeltiergebiet gleich auf die Säugetiere gekommen ist, denn seiner Ausdauer und seinem meisterhaften Pinsel verdanken wir eine Reihe von Untersuchungen und Abbildungen, welche sich an Bedeutung den älteren Bischoff'schen noch am ehesten anschliessen und für die Säugetier-Ontogenese eine neue Aera eröffnet haben.

Schon bei der im Jahre 1877 in Begleitung seiner ersten Frau unternommenen Reise nach Brasilien hatte Selenka neben Untersuchungen der Meeresfauna die Zusammentragung von Entwickelungsreihen von Embryonen dortiger Säugetiere, womöglich auch von platyrrhinen Affen, ins Auge gefasst. Letzteres erwies sich zwar der

---

[¹] Diese Neigung blieb ihm bis zuletzt treu; er plante noch in den letzten Lebensjahren, an einige bedeutsame Seefauna-Probleme heranzutreten.

gemessenen Zeit wegen als nicht ausführbar; doch fesselten ihn alsbald die dort durch die Opossumfamilie vertretenen Beuteltiere, die durch ihre kurze, nur eine bis zwei Wochen währende Schwangerschaft zu einer Erforschung ihrer so gut wie unbekannten Ontogenese förmlich aufforderten.

Leider konnte er während seines Aufenthaltes in Brasilien (zur dortigen Winterzeit) zu seiner Enttäuschung keiner geschlechtsreifen Beutelratten habhaft werden. Doch war er nunmehr ins Geleise geraten und nach seiner Heimkehr wurden eifrig die klassischen Arbeiten Bischoff's über Säugetier-Entwickelung studiert und zunächst Versuche an Mäusen vorgenommen, um gewisse Punkte durch eigene Anschauung aufzuklären.

Das war in den Jahren 1882 und 1883 und bald erfolgte die Publikation über „Keimblätter und Primitivorgane der Maus". Das Opossum wurde dabei aber nicht aus den Augen verloren und durch Vermittlung Hagenbeck's in Hamburg gelangte eine Sendung nordamerikanischer Opossums, Männchen und Weibchen, nach Erlangen, wo dieselben in einem eigens dazu hergerichteten, gut ventilierten Stall überwinterten und im Frühjahr eine Ernte von über hundert Embryonen in den verschiedensten Entwickelungsphasen lieferten.

An anderen Beuteltieren, sowie an Nagern verschiedener Gattungen (Meerschweinchen, Ratte, Waldmaus, Hausmaus, Feldmaus) wurde nun die wichtige Reihe dieser embryologischen Forschungen fortgesetzt und unter anderem das so ungemein schwierige Problem der sogenannten „Umkehrung der Keimblätter" bei gewissen Nagetieren von einer neuen Seite beleuchtet. Dabei wurde festgestellt, dass bei allen den genannten Tieren die freie Keimblase den typischen Bau der Keimblase anderer Placentarsäugetiere besitzt, dass die Blätterumkehrung erst nach erfolgter Verwachsung der Keimblase mit der Uteruswand – wie Selenka annimmt durch eine frühzeitige Verwachsung bedingt — sich vollzieht, und dass, trotz der gewaltigen Revolution, welche die Keimblätter durch die Inversion erfahren, stets die Integrität und Individualität derselben vollständig gewahrt bleibt.

Nachdem Selenka so tief in die Entwickelungsgeschichte der Säuger eingedrungen war, trat immer dringender der Wunsch in den Vordergrund, die noch so isoliert dastehende Ontogenese des Menschen mit den gefundenen Thatsachen bei niederen Säugetieren in Verbindung und in Vergleich zu bringen. Da war es in erster Linie erwünscht, ein leichter zu beschaffendes Material als menschliches in den Untersuchungskreis zu ziehen, wofür natürlich nur das an sich auch noch recht schwer erreichbare Primatenmaterial in Frage kommen konnte. Damit nahm der schon gehegte Wunsch einer neuen Tropenreise allmählich die Gestalt einer unumgänglichen Notwendigkeit an.

Im Jahre 1889 kam dieser Plan zur ersten Ausführung in einer Reise nach Ost-
indien, speziell nach Java. Eine zweite Tropenreise wurde 1892, diesmal in Begleitung
seiner zweiten Frau, der Schwester der in jugendlichem Alter verstorbenen ersten Gattin,
unternommen. Das Ziel dieser Reise war insbesondere Ceylon, Borneo und Sumatra.
Auf diesen beiden Reisen wurde allmählich das gewünschte Material an Affenembryonen
und Keimlingen zusammengebracht; auch von den seltenen und wegen ihrer Menschen-
ähnlichkeit ihn in erster Linie interessierenden Anthropomorphen, Gibbon und Orang-
Utan (letzterer nur an gewissen Stellen des Borneanischen Binnenlandes in Waldestiefe
erlegbar), wurde eine wertvolle Ausbeute erzielt.

Gegen das Ende dieser zweiten, anderthalbjährigen Reise traf den unermüdlichen
Forscher ein beklagenswerter Unfall. Ein bedeutender Teil seiner wertvollen Sammlung
ging durch Kollision eines kleinen chinesischen Handelsdampfers mit dem Kahne, in
welchem das in den letzten Monaten erbeutete, kostbare Material unter Aufsicht zuver-
lässiger Jäger aus den Urwaldbereichen zur ersten Dampferstation überführt wurde,
auf dem Kapuasflusse zu Grunde.

Diese Nachricht erreichte SELENKA erst zwei Monate später in Japan, wohin ihn
neben der Rätlichkeit eines Klimawechsels, auch die Absicht, japanisches Affenmaterial
zu erwerben, geführt hatte. Sie wirkte zuerst niederschmetternd; doch SELENKA's
elastischer Geist plante sofort, um den Verlust zu ersetzen, eine erneute Jagd-
expedition nach Borneo. Er hoffte diese, da sie der Regenzeit halber erst in einigen
Monaten ausführbar war,   sein Urlaub sich aber schon dem Ende näherte —
mit Hülfe teils schon erprobter und eingeschulter, teils neu anzustellender Jäger durch-
zuführen.

Der Aufenthalt in Japan wurde abgebrochen und der Weg wieder südwärts
genommen, um von Singapore und Batavia aus Vorbereitungen zu diesem erneuten
Vordringen zu treffen und auch noch an der Nordküste der sumatranischen Insel, die
SELENKA bereits ein Halbjahr früher in Verfolg seiner Forschungszwecke durchquert
hatte, neuerdings Schritte zur Wiederergänzung des Gibbonmaterials zu thun.

In den sumpfigen Fiebergegenden Delis aber holte SELENKA sich einen so heftigen
Malariaanfall, dass ein unmittelbarer Klimawechsel zur Notwendigkeit wurde. Ein
kurzer Aufenthalt im Himalayagebirge brachte zwar Besserung, doch nicht die Mög-
lichkeit eines längeren, anstrengenden Verweilens im Tropenklima; und so entschloss
sich SELENKA endlich der Bitte seiner Frau nachzugeben und diese allein nach Borneo
zurückkehren zu lassen, da eingetretene Zwischenfälle eine persönliche Leitung der
dortigen Expedition unerlässlich erscheinen liessen.

Frau Selenka führte denn auch aus dem Dunkel der borneanischen Urwälder, in denen sie noch mehrere Monate verweilte, manches wertvolle Anthropomorphenmaterial dem Skalpell und Mikroskope ihres Gatten zu.

Hatten die Resultate der ersten östlichen Tropenreise als ein Kapitel seiner „Studien zur Entwickelungsgeschichte" unter dem Titel: „Die Affen Ostindiens" bereits eine teilweise Veröffentlichung gefunden, so beschloss Selenka nunmehr, das mit so vielen Opfern und Mühen zusammengebrachte Orang- und Gibbonmaterial unter dem Titel: „Menschen-Affen" zu bearbeiten und in dieser Publikation nicht nur die embryologische, sondern auch die osteologische Ausbeute zu verwerten[1].

Die bereits davon erschienenen Hefte haben gezeigt, wie wundervoll er seine Orangschädel zur Darstellung zu bringen wusste. Die zierlichen, meisterhaft gezeichneten Figuren der Gibbon-Keimblasen haben aufs neue erwiesen, wie Selenka auf dem Gebiete der Ontogenese seinen Forschungsdrang zu erfüllen und unsere Kenntnisse zu erweitern vermocht hat.

Inmitten der Arbeit an den Menschenaffen hat sich diese dritte Lebensperiode geschlossen und ist er in seinem sechzigsten Lebensjahre von uns auf immer geschieden.

In die eben geschilderte dritte Lebensperiode fällt Selenka's Übersiedelung von Erlangen nach München. Die ruhige vollständige Ausarbeitung seines umfangreichen Materials erheischte einen ganzen Menschen und konnte in Erlangen neben umfangreicher Lehrthätigkeit und sonstigen amtlichen Verpflichtungen schwer durchgeführt werden. Somit entschloss Selenka sich 1895 zu dem Opfer, seine Professur in Erlangen aufzugeben. Er siedelte nach München über. Dort konnte er sich in einem Raume der alten Akademie, der ihm zur Verfügung gestellt wurde, in ungestörter Musse seinen wissenschaftlichen Arbeiten widmen. Aber auch die ihm so lieb gewordene Lehrthätigkeit brauchte er in München nicht zu entbehren. Auf Vorschlag der Münchener philosophischen Fakultät wurden ihm Stellung und Titel eines Honorarprofessors der Universität München verliehen. Auch zum ausserordentlichen Mitglied der Kgl. Bayerischen Akademie wurde er im folgenden Jahre ernannt[2].

[1] Die Schädelstudien sind gewissermassen als Nebenarbeit in seinem Arbeitsprogramm aufgetaucht. Selbstverständlich musste für die embryologischen Zwecke eine umfangreiche Anzahl dieser hochstehenden und interessanten Tiere geopfert werden, eine Notwendigkeit, die dem weichen Herzen des Forschers vielfach Kummer machte; insbesondere betrübte ihn jedes ohne Nutzen geopferte Leben, das trotz ernstester Vorsichtsmassregeln nicht immer geschont werden konnte. Das dermassen zusammen gekommene reiche osteologische Material sollte man begreiflicherweise so vollständig wie möglich ausgenutzt werden.

[2] Bereits in seiner Leidener Zeit war er zum Mitgliede der Konigl. Akademie der Wissenschaften zu Amsterdam erwählt worden. Am 29. Oktober 1842 verlieh ihm die Göttinger Universität das Ehrendoktorat der Medizin.

Seine wiederholten Reisen brachten es mit sich, dass sich bei Selenka ein lebhaftes Interesse für Ethnographie herausbildete. An der Hand einer wundervollen, zum grossen Teil nach eigenen Aufnahmen gefertigten Sammlung von Photographien und Lichtbildern, hielt er, von den verschiedensten Seiten dazu aufgefordert, öffentliche Vorträge, in denen er durch den Schwung seiner formvollendeten Rede, bei der ihn sein klangvolles, weiches Organ mächtig unterstützte, ebensowie durch die Feinsinnigkeit und Originalität seiner Auffassung die Hörer mit fortriss und dauernd anregte.

In dieser Zeit entstand sein geistvolles Büchlein über den „Schmuck des Menschen"[*], in dem er auf Grund seiner Beobachtungen bei den Naturvölkern in künstlerischer, naturwissenschaftlicher, wie philosophischer Richtung seinem Thema neue, eigenartige Seiten abgewinnt.

Kurz vor seinem Tode hat ein bereits länger geplantes Werk über die „Entstehung des Menschen", das zwei Bände umfassen sollte, in seinem Geiste festere Formen angenommen und zu wiederholten Besprechungen Anlass gegeben. Es ist gewiss in doppelter Beziehung zu beklagen, dass Selenka dieses Werk, in welchem er zugleich seine Weltanschauung niederzulegen dachte, nicht vollenden konnte.

Seine sechzig Jahre würde ihm wohl niemand angesehen haben; war auch sein volles dunkles Haar bereits stark ergraut, — der Blick in die Welt war noch so froh und energisch, sein Geist noch so schwungvoll und dabei voll frischen Humors, der Gang noch so leicht, der Händedruck noch so kräftig und so jugendlich bewegt, wenn er nach einer mehrjährigen Trennung wieder einmal mit einem alten Freunde zusammenkam!

Die Bilder, welche in den Neunziger Jahren von Selenka angefertigt sind, zeigen so recht deutlich, wie noch gegen Ende seines Lebens die bereits in seiner Jugend so scharf in ihm hervortretende Doppelnatur, die eines ernsten wissenschaftlichen Forschers und die eines frohen Adepten der Kunst, sich gleich äusserlich verriet. Es war das keine Pose, es war eben sein wahrhaftes, inneres Wesen. Ist doch von namhaften Künstlern wiederholt über ihn geäussert worden, es sei schade, dass ein Mann von seinen eminenten künstlerischen Anlagen Zoologie-Professor und nicht Maler geworden sei.

Dieses, wenn auch nicht voll entwickelte, künstlerische Talent, hat zur Bereicherung seines Lebens viel beigetragen und seine Porträtskizzen, Kopien nach alten Meistern und besonders seine Aquarelle erhoben sich weit über das Dilettantenhafte. Dagegen blieb seine grosse Begabung für Musik sein Leben lang latent und ward ihm nur zur Quelle tiefinnerlicher Beglückung in seinem hohen Verständnis und seiner Begeisterung für die edelsten Schöpfungen dieser Kunst. Der tiefkünstlerische Zug seines Wesens offenbarte sich auch in der Art und Weise, wie er es liebte seine Wohn- und Arbeitsräume aus-

[*] Der Schmuck des Menschen von Em. Selenka. Vita, deutsches Verlagshaus. Berlin 1900.

zustatten und zu schmücken. Das Auge weidete sich in jeder Richtung an Schönem und Behaglichem und die verschiedenen Effekte waren nie mühsam erstrebt oder nachgeahmt: sie kamen von selbst.

Wer das von ihm und seiner Frau gemeinschaftlich verfasste, durch Form und Inhalt gleich fesselnde Reisewerk: „Sonnige Welten" [1] in die Hände nimmt, spürt auch hier das Auge und den Pinsel des Künstlers fast auf jeder Seite.

Seinen wissenschaftlichen Arbeiten verleihen die schönen und zarten, oft farbigen Zeichnungen nicht nur einen grossen Reiz, sondern sie tragen recht wesentlich dazu bei, das im Texte Besprochene zu einer seltenen Anschaulichkeit zu bringen. Ich denke hier z. B. an seine Bilder von der Opossum-Keimblase, welche mit ihrer flockigen Oberfläche in der reich gefalteten inneren Uteruswandung eingebettet liegt; ferner an seine Holothurienlarven, mit eben sich entwickelndem Cölom, sowie an die schwierig verständlichen Verhältnisse bei der Amnionbildung und der Allantoisentwickelung der Didelphys. Seinen Schülern hielt er immer vor, welch grosse Bedeutung ein flotter Pinsel für den Biologen besitzt. In den achtziger Jahren gab er regelmässig seinen Erlanger Schülern und Freunden am Sonntag Vormittag Malunterricht und, wie einer von ihnen schreibt, „werden diese Stunden für jeden Teilnehmer zu den köstlichsten Erinnerungen gehören".

Dass diese Künstlerseele ab und zu mit den Anforderungen, welche ihm von wissenschaftlichen Aufgaben gestellt wurden, in Konflikt gekommen sein mag, ist leicht verständlich. Das Werk des Künstlers erfordert Inspiration, dasjenige des Forschers kann diese ebenfalls nicht entbehren, sobald er nicht nur beschreibend, sondern auch belebend vorgehen will. Aber nebenbei erheischt letzteres in den meisten Fällen eine unerschöpfliche Geduld. Diese hatte das für Eindrücke so empfindliche Künstlergemüt Selenka's nicht immer in genügendem Vorrat. Warten war für ihn, auch im alltäglichen Leben, stets etwas Unerträgliches und diese Art mögen seine Freunde wohl mal etwas launisch geheissen haben. Thatsächlich war nur der kräftige Schaffensdrang, der keine Minute des Lebens ungenützt lassen wollte, der Grund eines zeitweiligen Versagens bei starken Geduldproben, welches ihn auch wohl einmal zum Aufgeben eines vorgesteckten Zieles bringen konnte, wenn er dachte, dass seine Zeit anderweitig bessere Verwendung finden könne [2]; während in vielen Fällen gerade diese ge-

---

[1] Sonnige Welten. Ostasiatische Reise-Skizzen von E. u. L. Selenka. Wiesbaden, C. W. Kreidel's Verlag 1896. (Die erste Auflage ist vergriffen, die zweite in Vorbereitung.)

[2] In seinem Nachlasse fand sich eine sehr charakteristische, hierauf bezügliche Bleistiftnotiz folgenden Inhalts: „Keine Arbeit koste dem haushälterischen Denker mehr Zeit als ihr gebührt, nach dem Masse ihrer Bedeutung und dem der übrigen wissenschaftlichen Pläne mit denen er sich noch trägt." Es lässt sich schwer feststellen, ob wir es hier mit einem Citat oder mit einer eigenen Formulierung zu thun haben.

wisse Ungeduld in seiner Natur seine Energie steigerte und manchen Erfolg rascher herbeiführte.

Zur Charakterisierung von SELENKA's Gemütsleben wäre noch sehr vieles hinzuzufügen. Warmes, allem Hohen zugängliches Empfinden — vornehme Gesinnung, echtes, edles Menschentum waren Grundzüge seines Wesens. Seines Lieblingsdichters, von ihm mit Vorliebe citiertes Wort:

> „Drum eint zu Eurem schönsten Glück
> Mit Schwärmers Ernst des Weltmanns Blick."

traf auf ihn selbst im besten Sinne zu.

Das Viele, was SELENKA im Leben erreichte, dankt er in erster Linie gewiss seiner ungewöhnlichen Begabung; daneben aber einer hervorragenden Geschicklichkeit sich mit „all sorts and conditions of men" zurechtfinden. Seinen Kollegen war er stets ein treuer, entgegenkommender Berater. Allen denen, welche ihm wirklich nahe standen, ein warmer, opferwilliger Freund.

Ersteht sein Bild in ihrem Geiste, so werden sie immer zuerst des reinen, gross gesinnten Charakters, des gemütvollen Schwärmers, des liebenswürdigen, sonnigen Menschen und erst nachher des hervorragenden Zoologen gedenken.

SELENKA ist eine jener seltenen Naturen gewesen, welche sowohl auf die Vernunft als auch auf das Herz der ihnen Nahestehenden kräftigst eingewirkt haben. In der Zukunft wird er als ein Pionier in der Entwickelungsgeschichte niederer und höherer Tierformen hervorragen; in der Gegenwart wird in einem engeren Kreise die Erinnerung an seine fesselnde Persönlichkeit gleich kräftig mit jener an seine wissenschaftliche Bedeutung fortleben.

Hubrecht.

1. Von Selenka wurde herausgegeben:

1868—1871. Das niederländische Archiv für Zoologie. Bd. I—III.
1878—1881. Zoologische Studien. 4°; mit 10 Tafeln. Leipzig. W. Engelmann.
  I. Befruchtung des Eies von Toxopneustes. 1878.
  II. Zur Entwicklungsgeschichte der Seeplanarien, ein Beitrag zur Keimblätterlehre und Descendenztheorie. 1881.
Seit 1881. Das biologische Centralblatt gemeinsam mit Prof. Dr. Reiss und Professor Dr. Rosenthal.
Seit 1883. Studien zur Entwickelungsgeschichte der Tiere, seit 1898 fortgeführt als Menschenaffen.

Wiesbaden. C. W. Kreidel's Verlag.

2. Als Arbeiten Selenka's sind zu nennen:

1865. Zwei neue Nacktschnecken aus Australien (Limax pectinatus und L. bicolor. Malakozoolog. Blätter, XII, p. 105—110, 572—574.
1866. Beitrag zur Entwickelungsgeschichte der Luftsäcke des Hahnes. Zeitschr. f. wissensch. Zool. Bd. XVI, p. 178—182, Taf. VIII.
1866. Beiträge zur Anatomie und Systematik der Holothurien. Philos. Doktordissertation. Göttingen 1866. Zugleich in: Zeitschr. f. wissensch. Zoologie, XVIII, 1867, p. 291—374.
  Nachtrag dazu; ebenda XVIII, 1868, p. 109—110.
1867. Über die Stellung von Tragocerus amaltheus Rott & Wagner, in Bezug auf die nächstverwandten Formen. Zeitschr. f. wissensch. Zool. XVII, 1867, p. 572—576.
1867. Die fossilen Crocodilinen des Kimmeridge von Hannover. In: Palaeontographica, XVI, 1866—69, p. 135—144.
1867. Über einige neue Schwämme aus der Südsee. Zeitschr. f. wissensch. Zoologie. XVII. Bd., 4. Heft, p. 565—571.
1868. Zur Anatomie von Trigonia margaritacea, Lam. Malakozool. Blätter, XV, 1868, p. 66—72.
1868. Aves, Vögel in: Bronn's Klassen und Ordnungen des Tierreichs. Bogen 1—9, Tafel I—XXIV, 1868—1871.
1870. Sur la morphologie des muscles de l'épaule chez les oiseaux. Archives Neerlandaises. T. V, p. 48—54.
1873. Entwickelung von Tergipes claviger. Niederländisches Archiv für Zoologie. Bd. I, p. 1—10.
1873. Die Anlage der Keimblätter bei Purpura lapillus. Ebenda I, p. 211—218.
1873. Das Gefässsystem der Aphrodite aculeata. Niederländisches Archiv für Zoologie. II.
1873. Entwickelungsgeschichte der Holothurien. Zeitschr. f. wissensch. Zool. Bd. XXVII.
1875. Eifurchung und Larvenbildung von Phascolosoma elongatum. Zeitschr. f. wissensch. Zool. 25, 1875, p. 442 bis 450; Archives Zool. Exper. 4, 1875, p. LV—LVII.
1875. Embryologie von Cucumaria doliolum, zugleich ein Beitrag zur Keimblättertheorie. Erlangen. Phys.-med. Soc. Sitz.-Ber. 7, 1875, p. 85—92.
1875. Taschenbuch für Zoologie. 1875. Verlag von Ed. Besold in Erlangen. Später unter dem Titel: Zoologisches Taschenbuch. 3. Aufl. 1885. 4. Aufl. Verlag von Arthur Georgi, 1897. 2 Teile. — Ins Französische übersetzt von Ehlant de Rouville unter dem Titel „Manuel Zoologique." 1898, Paris. — Ins Englische von J. R. Ainsworth Davis unter dem Titel: A Zoological Pocket-Book. 1890.
1876. Zur Entwickelung von Holothuria tubulosa, ein Beitrag zur Keimblättertheorie. Erlangen. Phys.-med. Soc. Sitz.-Ber. 8, 1876, p. 47—51.
1876. Zur Entwickelung der Holothurien (Holothuria tubulosa und Cucumaria doliolum). Ein Beitrag zur Keimblättertheorie. (Ausführliche Mitteilung.) Zeitschr. f. wissensch. Zoologie, 27, 1876, p. 155—178. — Archives Zool. Exper. 5, 1876, p. XXVI—XXXI.
1878. Beobachtungen über die Befruchtung und Teilung des Eies von Toxopneustes variegatus. Vorläufige Mitteilung. Erlangen. Phys.-med. Soc. Sitzber. 10, 1878, p. 1—7.
1878. Das Männchen der Bonellia. Zoologischer Anzeiger, I, 1878, p. 119—121.
1878. Befruchtung des Eies von Toxopneustes. 1878. Zoologische Studien I. Leipzig. W. Engelmann.
1878. Hühnereiweiss als Einbettungsmasse. Zoolog. Anzeiger Nr. 6, p. 130—131.
1879. Keimblätter und Organanlage der Echiniden. Erlangen. Phys.-med. Soc. Sitzber. 11, 1879, p. 100—108.
1880. Keimblätter und Organanlage der Echiniden. Zeitschr. f. wissensch. Zoologie, XXXIII, p. 49—54, Taf. V—VII.
1880. Über einen Kieselschwamm von achtstrahligem Bau und über die Entwickelung der Schwammknospen. Zeitschrift f. wissensch. Zoologie, XXXIII, p. 467—476, Taf. XXVII—XXVIII.
1881. Zur Entwickelungsgeschichte der Seeplanarien, ein Beitrag zur Keimblätterlehre und Descendenztheorie. Zoologische Studien II. Leipzig. W. Engelmann.

1881. Zur Entwickelungsgeschichte der Seeplanarien. Biolog. Centralblatt, I, p. 229—239. (Auszug in: Journ. R. Microscop. Soc. Vol. 2, p. 509—510.)

1881. Über eine eigentümliche Art der Kernmetamorphose. Biolog. Centralbl. I, p. 492—497.

1882. Die Keimblätter der Planarien. Erlangen. Phys.-med. Soc. Sitzber. 15, p. 37—40. (Auszüge in: Journ. R. Microscop. Soc. (2) Vol. 1, p. 743 und Bull. scientif. dept. du Nord. 4 Ann., Nr. 5, p. 165—169.)

1882. Der embryonale Exkretionsapparat des kiemenlosen Hylodes Martinicensis. Sitz.-Ber. d. k. Akad. d. Wiss. zu Berlin. VIII, p. 117—124, Taf. II.

1882. Dasselbe. Math. naturwiss. Mitt.: Akad. Berlin   1. Heft, p. 71—78.

1882. Zur Aufstellung von Spirituspräparaten. Zoolog. Anzeiger Nr. 107, p. 169   172.

1882. Keimblätter und Gastrulaform der Maus. Biolog. Centralblatt II, Nr. 18, p. 550—558. (Auszug: Journ. R. Microscop. Soc. vol. 3, S. 488 489.)

1883. Über die Sipunculaceen. Erlangen. Phys.-med. Soc. Sitzber. 13, 1883, p. 1—5.

1883. Die Sipunculiden. Eine systematische Monographie; unter Mitwirkung von Dr. J. G. de Man und Dr. C. Bülow bearbeitet von Emil Selenka. In: Semon's Reisen im Archipel der Philippinen. Zweiter Teil. IV. Band. 1. 1883. Wiesbaden. C. W. Kreidel's Verlag. Gr. 4" mit 14 Tafeln.

1883. Keimblätter und Primitivorgane der Maus. Mit 4 Tafeln. p. 1—24. Studien über Entwickelungsgeschichte der Tiere   1. Heft.

1883. Schlüssel zur Bestimmung der Sipunculaceen-Gattungen. Erlanger Sitzber., 13. November.

1883. Die Keimblätter der Echinodermen. Mit 6 Tafeln. p. 25—61. Studien über Entwickelungsgeschichte der Tiere. 2. Heft. (Auszug in: Journ. R. Microscop. Soc., Vol. 4, S. 573 74.)

1884. Die Blätterumkehrung im Ei der Nagetiere. Mit 6 Tafeln. p. 62—69. Studien über Entwickelungsgeschichte der Tiere. 3. Heft.

1884. Über die Inversion der Keimblätter im Ei des Meerschweinchens, der Ratten und der Mäuse. Vortrag. Sitz. Ber. d. Gesellsch. naturforschender Freunde zu Berlin v. 18. III. 1884. p. 51—52.

1884. Das Mesenchym der Echiniden. Zoolog. Anzeig. VII, p. 100—102.

1885. Report on the Gephyrea. Voyage of H. M. S. Challenger. XIII. Part XXXVI. Gr. 4" mit 4 Tafeln.

1885. Zur Befruchtung des tierischen Eies. Biolog. Centralbl. V, p. 8—10.

1885. Über die Entwickelung des Opossum. Ebenda. p. 294—295.

1885. Zur Paraffineinbettung. Zoolog. Anzeiger 1885, Nr. 99, p. 419 420.

1886. Über die Embryologie des Opossum und die Abstammung der Säugetiere. Biolog. Centralblatt. VI. Bd. Nr. 9. p. 283—284.

1886. Metallmodelle nach mikroskopischen Präparaten. Erlangen. Sitzber. Phys.-med. Soc. (3 Seiten.)

1887. Das Opossum. Studien über Entwickelungsgeschichte der Tiere. 4. Heft. Mit 14 Tafeln. p. 101—172.

1887. Das Stirnorgan der Wirbeltiere. Biolog. Centralblatt X, 1883, p. 323—326.

1887. Die elektrische Projektionslampe. Erlangen. Phys.-med. Soc. Sitzber. 19. Heft.

1886. Über die Gastrulation der Knochenfische. Tagebl. 59. Vers. deutsch. Naturf. p. 270.

1887. Über Gastrulation der Knochenfische. Biolog. Centralbl. VI. Bd. Nr. 22. p. 606—607.

1888. Die Gaumentasche der Wirbeltiere. Biolog. Centralbl. VII, Nr. 22, p. 670—683.

1888. On the Gephyreans of the Mergui Archipelago, collected for the Trustees of the Indian Museum, Calcutta, by J. Anderson. Journ. Linn. Soc. London, Zool., Vol. 21, Nr. 130, p. 220—222.

1890. Zur Entwickelung der Affen. Sitzungsber. d. Berl. Akad. XLVIII. p. 1257—1262.

1890. Zur Entstehung der Placenta des Menschen. Biolog. Centralbl.

1890. Ein Streifzug durch Indien. Mit 29 Textabbildungen. C. W. Kreidel's Verlag. Wiesbaden.

1892. 1. Beutelfuchs und Känguruhratte (Phalangista et Hypsiprymnus).
2. Zur Entstehungsgeschichte des Amnion.
3. Das Kantjil (Tragulus javanicus).
4. Affen Ostindiens.
5. Keimbildung des Kalong (Pteropus edulis).
Studien über Entwickelungsgeschichte der Tiere. 5. Heft. p. 173—233. 12 Tafeln.

1890. Die Rassen und der Zahnwechsel des Orang-Utan. Sitzber. d. k. preuss. Akad. d. Wissensch. zu Berlin. XVI. p. 381—392.

1896. Sonnige Welten. Ostasiatische Reiseskizzen gemeinschaftlich mit Lenore Selenka. (Die erste Auflage ist vergriffen, die zweite in Vorbereitung.) C. W. Kreidel's Verlag. Wiesbaden.

1897. Die Spinnculiden-Gattung Phymosoma. Archiv für Naturgeschichte. 63. Jahrg. S. 160.

1898. Blattumkehr im Ei der Affen. Biolog. Centralblatt. Bd. XVIII. Nr. 15.

1898. Dasselbe. 2. Mitteilung. Ebenda. Bd. XVIII. Nr. 22.

1898. Atypische Placentation eines altweltlichen Schwanzaffen. Annales du Jardin Botanique de Buitenzorg. Suppl. II.

1898. Menschenaffen (Anthropomorphae), Studien über Entwickelung und Schädelbau. 1. Lieferung: Rassen, Schädel und Bezahnung des Orang-Utan. p. 1—91. Mit 108 Abbildungen im Text.

1899. Menschenaffen (Anthropomorphae), Studien über Entwickelung und Schädelbau. 2. Lieferung. II. Kapitel. Schädel des Gorilla und Schimpanse. III. Kapitel. Entwickelung des Gibbon (Hylobates und Siamanga). Mit 10 Tafeln und 70 Textfiguren. p. 95—172.

1899. Junges Entwickelungsstadium des Hylobates Rafflesii. Sitzber. der Gesellschaft für Morphologie und Physiologie in München. 15. Bd.

1900. Menschenaffen (Anthropomorphae). Biolog. Centralbl. Bd. XX. Nr. 23 24.

1900. Menschenaffen (Anthropomorphae), Studien über Entwickelung und Schädelbau. 3. Lieferung. III. Kapitel. Entwickelung des Gibbon (Hylobates und Siamanga), Fortsetzung. Mit 1 Tafel und 38 Textfiguren. p. 173—208.

1900. Der Schmerk des Menschen. Mit Abbildungen. Vita, Deutsches Verlagshaus, Berlin.

1901. Placentaranlage des Lutung (Semnopithecus pruinosus, von Borneo). Sitzber. d. math.-phys. Kl. d. k. b. Akad. d. Wissensch. Heft 1. p. 3—14 mit 2 Tafeln.

1901. Die Gleichartigkeit der Embryonalformen bei Primaten. Biolog. Centralblatt. Bd. XXI. Nr. 15. p. 484—499.

ZUR

VERGLEICHENDEN KEIMESGESCHICHTE DER PRIMATEN.

VON

DR. EMIL SELENKA.

Vorbemerkungen des Herausgebers.

Im August 1901 schrieb Selenka an seinen Verleger Bergmann: „Ich habe jetzt eine fast vollständige Serie von Affenembryonen zum Teil schon fertig bearbeitet, und es ist die Frage, soll ich das fünfte Heft nur mit den jüngeren Stadien der Entwickelung abschliessen — das kann bis Weihnachten fertig sein —, oder die „Entwickelung der Leibesform der Primaten" sogleich ganz durchführen und erst zu Ostern das Manuskript einliefern." Selenka hat sich dann entschlossen, die jüngeren Stadien der Entwickelung gesondert herauszugeben, und zwar wählte er für dieses Kapitel den Titel: „Vergleichende Keimesgeschichte der Primaten." Es war ihm nicht mehr vergönnt diese Arbeit zu vollenden. In seinem Nachlasse fand sich nur der Beginn des fünften Heftes der Menschenaffen, zugleich des zehnten Heftes der Studien über Entwickelungsgeschichte der Tiere vor. Das Manuskript ist überschrieben „Fünftes Kapitel". „Vergleichende Keimesgeschichte der Primaten"; es ist auch, soweit es im Zusammenhange vorliegt, nicht fertig. Es fehlt nicht nur die letzte Feile, sondern gleich in der Einleitung findet sich eine grössere Lücke, welche offenbar später ausgefüllt werden sollte. Immerhin dürfte der Text bis zu der auf der S. 338 mitgeteilten Tabelle als in der Hauptsache vollendet anzusehen sein. Die Erklärung aber zu der Tabelle und die weiterhin mitgeteilten Beschreibungen der einzelnen Embryonen würde Selenka gewiss noch sehr gründlich umgearbeitet haben. Schon jetzt liegen für einzelne Teile des Manuskriptes der erste Entwurf und mehrfache Umarbeitungen vor. Stets ist es leicht zu erkennen, welches die letzte Bearbeitung ist, nicht aber, ob diese Selenka schon genügt haben würde. So leicht sich nämlich Selenka's Schriften lesen, so zeigt doch das Manuskript, dass er oft mit der Form gerungen hat. Dasselbe Problem findet sich von verschiedenen Seiten in Angriff genommen und dargestellt, und deutlich zu Tage liegt das Streben nicht nur nach wissenschaftlich klarer, sondern auch nach ästhetisch abgerundeter Darstellung. — Die Abbildungen zum fünften Heft lagen im Gegensatz zum Manuskript bis auf eine Zeichnung (Fig. 16) vollendet, zum grössten Teil schon autotypiert, vor. Die Fig. 16 habe ich nach einem Wachsmodelle von Selenka zeichnen lassen, weil aus dem Manuskript hervorging, dass diese Zeichnung beabsichtigt war. Für das sechste Heft, welches die älteren Stadien der Menschenaffen offenbar auch mit ausgiebiger Berücksichtigung der Schwanzaffen behandeln sollte, lagen ausser reichlichen Skizzen eine Anzahl schön ausgeführter Zeichnungen vor, vom Manuskript kaum Andeutungen, doch liess sich erkennen, dass eine Reihe von Hylobatesembryonen den Mittelpunkt bilden sollten; daneben wurden bis dahin der „rote Affe"[1] und Innus speciosus aus Japan besonders berücksichtigt. In einem Briefe an Bergmann vom Dec. 1900 spricht Selenka davon, dass er noch eine besondere Arbeit über die niederen Affen (Schwanzaffen) den Menschenaffen anschliessen wollte. Ob er an diesem Plan festgehalten hat, ist zweifelhaft.

Bei dieser Sachlage erschien es mir das Richtigste, den Nachlass als Fragment herauszugeben. Nur offenbare Versehen sind, und zwar ohne dass ich das besonders bemerkt habe, verbessert. Einschiebungen, die mir für das Verständnis nötig schienen, sind in [ ] gesetzt. Nie gebe ich meine Ansichten, sondern ich gebe die von Selenka. Dass dem Werke die letzte Hand gefehlt hat, ist natürlich überall zu merken, aber mir schien es pietätvoller, die unfertigen Stellen offen zu Tage treten zu lassen, als durch Überarbeitung den Charakter des Werkes zu gefährden. Die Zeichnungen, für welche kein Text vorlag, sind von mir nur ganz kurz erläutert, und diese Erläuterungen sind, wie die wenigen sonst gemachten Einschiebungen, in [ ] gesetzt. Dass ich auch die Zeichnungen Selenka's veröffentlicht habe, zu denen der Text noch nicht vorlag, brauche ich wohl kaum zu rechtfertigen. Die Bilder sind es, welche durch ihre künstlerische Ausführung Selenka's Werken einen ganz besonderen Reiz verleihen, und Selenka hat den Abbildungen auch stets besondere Sorgfalt und Liebe gewidmet. Ein Zeugnis davon geben die vielen Skizzen und mehr oder weniger ausgeführten Entwürfe, welche sich in seinem Nachlasse vorfanden. Eine Würdigung des wissenschaftlichen Wirkens Selenka's ist von berufener Feder gegeben worden, hier nur soviel, dass das Werk, welches seine Lebensarbeit krönen sollte, die Entwickelungsgeschichte der Affen, wenn auch nicht als im einzelnen ausgearbeitet, so doch als im wesentlichen vollendet betrachtet werden kann. Gewiss wird über die Entwickelungsgeschichte der Affen noch viel gearbeitet werden, und mancher schöne Fund wird solche Arbeit lohnen; die grundlegenden Thatsachen aber gefunden und ans Licht gestellt zu haben, wird Selenka's Verdienst bleiben.

Freiburg i/Brsg., den 10. Januar 1903.

Franz Keibel.

---

[1] Dieser „rote Affe" dürfte nach einer gütigen Auskunft Herrn Dr. Jentink's in Leyden Semnopithecus rubicundus Müll. sein, vielleicht kommt aber auch S. cruciger Thomas in Frage.

Vergleichende Keimesgeschichte der Primaten.

Den Entwickelungsgang der Primatenkeime im Zusammenhange darzulegen, ist die Aufgabe dieser Untersuchung.

Menschliche Keime spielt der Zufall dem Glücklichen ohne Opfer an Zeit und Gesundheit in die Hände; Affenkeime der verschiedensten Entwickelungsgrade zu erhalten, erforderte dagegen bisher eigene anstrengende Bethätigung und bringt, trotz aller Bemühungen stets der Enttäuschungen viele. Der Versuch junge Affenembryonen auf dem Wege der Züchtung zu erzielen, gelang mir überhaupt nicht, und so beziehen sich meine Studien über die Entwickelung der Vierhänder lediglich auf das in den Wäldern von Ceylon, Malakka, Borneo, Sumatra, Java und Japan auf der Jagd erbeutete Material. Dieses ist leider lückenhaft geblieben. Nur ein einziges Furchungsstadium kam mir vor Augen, und über die Anheftung des Eies oder die Art der Keimschildbildung habe ich keine Beobachtungen machen können. Dagegen geben zahlreiche Präparate erwünschte Aufschlüsse zumal über die Umgestaltung der Keimscheibe zum Embryo, so wie über die Anlage der primitiven und [der] Hilfsorgane.

Keimanlagen und Embryonen folgender Affenarten kamen in meinen Besitz:

Cercocebus cynomolgus von Java, Borneo, Malakka, Banda?

Macacus nemestrinus.

Semnopithecus maurus, Cuvier, Java.

            pruinosus, Desmarest, Borneo.

            mitratus, Eschholtz, Java.

            nasicus, Schreber, Borneo.

            cruciger, Thomas, Borneo.

            cephalopterus, Ceylon.

Inuus speciosus, Japan.

Hylobates concolor, Borneo.
      Mülleri, Borneo.
      agilis, Sumatra.
  ,,   Rafflesi? Sumatra.
Simia satyrus Linné, Borneo.

Vergleichsmaterial bieten mir sowohl meine früheren Publikationen über die Entwickelung der Affen, als auch die weiter unten angefügten Beschreibungen und Abbildungen. Auch menschliche Keime sind in die Betrachtung hineingezogen.

Als eines der wichtigsten Resultate hat sich ergeben, dass die Entwickelung des Keimes und des Embryo bei den östlichen Schwanzaffen und Menschenaffen sowie dem Menschen in übereinstimmender Weise vor sich geht, aber stark abweicht von der Entwickelung aller übrigen Säugetiere. Das Primatenei erfährt alsbald nach seiner, sehr frühzeitig erfolgenden Verwachsung mit dem Uterusepithel eine auffallend reichliche Ernährung durch das transsudierende Serum des Mutterblutes, und wenn es auch noch nicht gelingt, die phyletische Entstehung dieser, für die Primaten charakteristischen Ernährungsvorrichtungen darzulegen, so ist doch der Erfolg und die Bedeutung derselben klar:

Der hoch entwickelte Organismus schuf sich zu seiner embryonalen Ausbildung auch einen vollkommeneren Ernährungsmechanismus, als die auf der niederen Stufe stehen gebliebenen Verwandten ihn besitzen. Progressive Anpassungsphänomene kommen offenbar hier zur Erscheinung, deren Werdegang freilich vorläufig noch nicht zu erraten ist. Die Plastizität der embryonalen Organanlagen der mütterlichen Nähr- und Polstergewebe ist zweifellos caenogenetischen Umformungen der typischen Organanlagen günstig, aber sie allein erklärt die beispiellose Revolution nicht, welche die Bildung der Keimanlage der Primaten während der ersten Wochen ihrer Entwickelung erfährt. „Im ausgebildeten Organismus mit seinen mannigfaltigen Beziehungen zur Aussenwelt und durch die Rückwirkung derselben auf die Organisation, die daraus ihre Anpassung gewinnt, treffen wir die Pforten zu Veränderungen geöffnet." (GEGENBAUR.)

[Hier war eine Lücke im Manuskript; es fehlten die Seiten 4—7, welche wahrscheinlich in definitiver Fassung überhaupt noch nicht niedergeschrieben waren.]

¹) 1. Studien über Entwickelungsgeschichte der Tiere. Wiesbaden. C. W. Kreidels Verlag. Fünftes Heft. 1892.
2. Menschenaffen. Wiesbaden. C. W. Kreidels Verlag. II. und III. Lieferung. 1899—1900.
3. Placentaranlage des Lutung (Semnopithecus pruinosus, von Borneo. In: Sitzungsberichte der mathemat.-physikal. Klasse der königl. bayer. Akademie der Wissenschaften. 1901. Erstes Heft.
Ich werde diese drei Publikationen in der Folge citieren unter der Bezeichnung: Studien Menschenaffen und Lutung.

A. Entwickelung des Primaten-Keimes bis etwa gegen Ende des zweiten Monats.

Nachdem ich feststellen konnte, dass die Keimesanlage bei den Gibbons und bei acht verschiedenen östlichen Schwanzaffen in gewissem, wesentlich gleichem, von allen anderen Säugetieren abweichendem Typus sich vollzieht, während nur in der Placentarbildung zwei verschiedene Formen zustande kommen, halte ich es für richtig, den Gang der Entwickelung derartig zu schildern, dass ich die Embryonen der verschiedensten Species, nach ihrer Entwickelungsphase zeitlich ordne und in dieser Reihenfolge bespreche.

Ich verweise dabei teils auf die in früheren Publikationen, teils auf die weiter unten neu beschriebenen Keimlinge, Embryonen und Föten.

Ei-Furchung des Macacus nemestrinus.

Nachdem ich manche Dutzende von Eileitern, deren zugehörige Ovarien einen geplatzten Graaf'schen Follikel aufwiesen, während im Uterus nach sorgfältigster und genauester Prüfung kein Ei gefunden war, in Schnittserien zerlegt, ohne jemals ein Ei zu Gesicht zu bekommen, wurde mir durch meinen treuen Freund A. A. W. Hubrecht in Utrecht ein Uterus des Macacus nemestrinus Desmarest aus Java zur Verfügung gestellt, dessen eines Ovarium eine frische Graaf'sche Narbe trug. Der Präparator Hubrecht's zerlegte den betreffenden Ovidukt in Querschnitte von 0,01 mm, und Hubrecht übersandte mir einen Objektträger mit fünf Schnitten, die ein in Furchung begriffenes Ei enthielten. Das Verdienst, das erste sich furchende Primatenei aufgefunden zu haben, gebührt daher nicht mir, sondern Hubrecht!

Ungefähr in der Mitte des Eileiters liegt lose verklebt an den etwas zerfetzten Wimperzellen das Ei von 0,04 mm Durchmesser. Etwa die gleiche Grösse zeigen die grössten, der Reife nahen Ovarialeier.

Fig. 1.

Macacus nemestrinus,
Desmarest (Borneo).

Ei in Furchung $^{40}/_1$.

Vier Furchungszellen von nahezu gleichem Volumen sind sehr deutlich zu unterscheiden; zwei derselben (in der Abbildung die mittlere und die links oben gelegene) sind etwas unregelmässig oval, die beiden anderen fast kugelig.

Die Zellen sind nackt; keine Spur einer Hüllhaut ist zu bemerken.

Die Schrumpfung, welche die Gewebe des Eileiters aufweisen, legt den Gedanken nahe, dass auch das sich furchende Ei nicht mehr seine natürliche Beschaffenheit bewahrt habe. Immerhin ist es von Belang, zu wissen, was das Präparat lehrt:

43*

Die Furchung beginnt in einer ähnlichen Art, wie bei anderen höheren Säugetieren, und es ist wahrscheinlich, dass die Furchung abgelaufen ist, sobald das Ei in die Weitung des Uterus eintritt. Neue Gesichtspunkte kann ich nicht aufstellen.

Gastrulation. — Keimblase mit primärer Placenta (Schwanzaffen).

Soweit meine Erfahrung reicht, kommen bei den Schwanzaffen und Menschenaffen regulär zwei einander gegenüberliegende Placenten zur Anlage. An der ventralen, seltener an der dorsalen Wand verwächst die Keimblase und bildet hier ein primäres Zottenfeld und somit eine primäre Placenta. Erst nachdem eine grössere Centralzotte und eine Anzahl anderer Zotten im primären Felde entstanden, kommt bei den Schwanzaffen die bisher freie Chorionfläche der Keimblase auch mit der gegenüberliegenden Uteruswand in Kontakt, um eine zweite oder sekundäre Placenta zu bilden. Diese zweite Verwachsung kann etwas früher oder später geschehen, wie mir scheint, in der Regel nachdem eine bis vielleicht 20 Zotten des ersten Feldes entstanden sind. Bei Hylobates und Simia wird die junge Keimblase jedoch frühzeitig von der Uterusschleimhaut umkapselt, sodass die der primären Placenta gegenüberliegende Chorionfläche mit dem Kapselgewebe des Uteringewebes in Berührung kommt und in dieser Membran die sekundäre Placenta erzeugt. Indem die Membrana capsularis uteri aber dem allmählichen Schwunde anheimfällt, wird auch das sekundäre Zottenfeld resorbiert; es bleibt nur die primäre Placenta übrig. Die primäre Placenta persistiert daher bei allen Affen und Menschenaffen, die sekundäre nur bei Schwanzaffen der alten Welt. (Studien, Tafel 35, Fig. 3–5 und Fig. 10 u. 11. Menschenaffen pag. 171, 197 und folg. — Lutung, Fig. 2 u. 7).

Nur zwei Fälle sind mir bekannt, in denen die Anlage einer sekundären Placenta unterblieb. Unter fünf trächtigen Uteri des borneanischen Semnopithecus cruciger Thomas fand ich die Ventroplacenta [in zwei Fällen] gänzlich fehlend, während sie in zwei anderen Fällen auffallend klein war, und nur einmal hatten beide Mutterkuchen nahezu gleiche Grösse, so wie dies für die katarrhinen Schwanzaffen typisch ist[1]. Es handelt sich hier offenbar um einen Ausfall, um das Unterbleiben eines typischen Vorganges, vermutlich veranlasst durch die nicht stattfindende Berührung und Verwachsung der antiplacentaren Chorionfläche des Eies mit der Uteruswand.

Ganz ausnahmsweise begegnete ich allerdings auch beim Javaaffen (Cercocebus cynomolgus) nur einer einzigen Placenta; diese erwies sich jedoch bei näherer Untersuchung stets als ein, aus den zwei typischen Placenten sekundär verwachsenes Gebilde.

[1] Selenka. Atypische Placentation eines altweltlichen Schwanzaffen. In: Extrait des Annales du Jardin Botanique de Buitenzorg. Supplement II, pag. 85–88. — E. J. Brill, Leiden, 1898.

Die amerikanischen Affen scheinen, so weit bekannt[1], durchweg nur eine einscheibige Placenta zu besitzen, die vielleicht durch Ausfall der sekundären Placenta, aus der doppelscheibigen der Ostaffen abzuleiten ist, denn als Stammhalter der Westaffen erscheinen die östlichen, die sich erst durch Wanderungen auch über Amerika ausbreiteten.

Betreffs der histologischen Umformungen, welche der Uterus während der Anlage der Zottenfelder erleidet, verweise ich auf meine früheren Arbeiten. Die ausführliche „Entwickelungsgeschichte der Affen-Placenta" bleibt einer späteren Publikation vorbehalten. Betont sei hier nur noch einmal, dass das Uterusepithel beim Aufbau der Placenta eine wichtige Rolle spielt. Schnittserien durch vorzüglich erhaltene Präparate trächtiger Uteri der Gattungen Semnopithecus und Cercocebus beweisen dies aufs schlagendste (z. B. Menschenaffen, Tafel 11).

Die jüngsten Keimblasen und Keimanlagen der Schwanzaffen, die mir zu Gesicht kamen, weichen in ihrer Gestalt ganz auffallend von den typischen Gebilden ähnlicher Entwickelungsphasen der übrigen Säugetiere ab; zeigen dagegen eine gewisse Ähnlichkeit mit denjenigen Säugetiereiern, welche frühzeitig mit dem Uterusepithel verwachsen und eine Inversion der Keimblätter, oder wie ich es allgemeiner bezeichnet habe, eine „Entypie des Keimschildes" aufweisen (Menschenaffen, Seite 201 und folg.).

Wenn man nun erwägt, dass überall da, wo bisher eine sehr frühzeitige Verwachsung der Keimblase mit dem Uterusepithel beobachtet wurde, zugleich eine Einschiebung oder Entypie des Keimfeldes nachzuweisen war, so ist ein Zusammenhang beider Vorgänge nicht unwahrscheinlich. Diese Annahme gewinnt an Boden, sobald man alle Arten der Keimfeld-Entypie vergleichend nebeneinanderstellt. Auf Seite 201—205 der Menschenaffen, ferner in meiner Mitteilung über die Placentaranlage des Lutung, Seite 12, habe ich diese Vergleichung ausgeführt, ich beschränke mich daher hier auf einige Bemerkungen.

Aus der Abbildung Figg. 2—8 ist die Lagerung und Gestalt der Keimblase im Uterus ersichtlich. Nur das primäre Zottenfeld ist in Form einer scheibenartigen Verwachsung mit verästelter Centralzotte (Fig. 3 u. 7) angelegt. Die Bildung eines sekundären Zottenfeldes ist erst durch eine geringe Verwachsung angedeutet, deren Bau wegen Zerreissens der Verwachsungsflächen nicht näher erforscht werden konnte.

---

[1] Selenka hat sich grosse Mühe gegeben, auch Material von amerikanischen Affen zu erhalten, um die Embryonen und ihre Placenten mit denen der Ostaffen zu vergleichen; es ist ihm aber nicht gelungen dasselbe herbeizuschaffen. Erst nach seinem Tode traf eine Anzahl gravider Uteri ein. Es handelt sich zumeist um ältere Studien von Mycetes seniculus. Wie mir Herr Professor Strahl, in dessen Händen die Präparate augenblicklich sind, mitteilt, ist die Placenta einscheibig; Andeutungen des Ausfalls einer sekundären Placenta hat er bis dahin nicht gefunden.

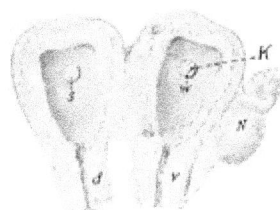

Fig. 2.

Fig. 3.

Fig. 4.

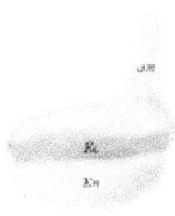

Fig. 5.

Fig. 7.

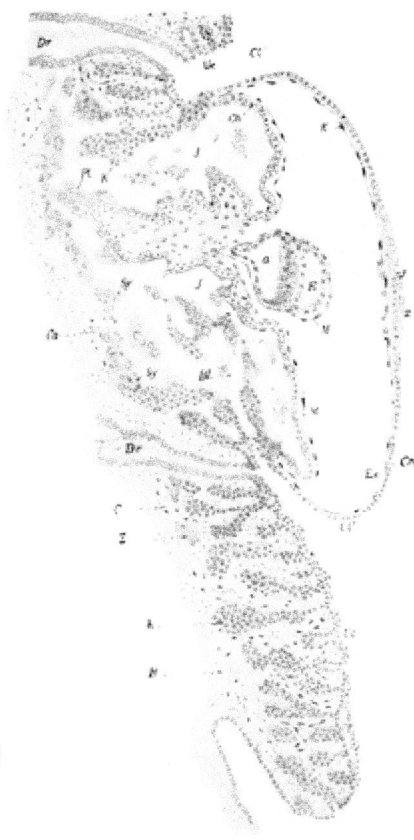

Fig. 6.

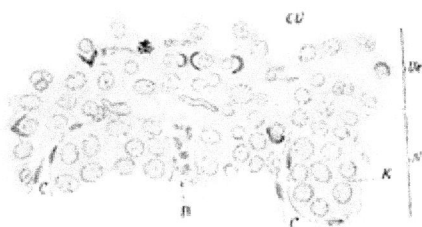

Fig. 8.

Erklärung zu Fig. 2—8.

Fig. 2—6 u. 8. Semnopithecus pruinosus, von Borneo.

Fig. 2. Der geöffnete Uterus in nat. Gr. — *d* dorsale Hälfte, *K* das Keimbläschen. *N* Narbe auf dem rechten Ovarium, *s* Anlage der sekundären Placenta, *v* ventrale Hälfte, *w* wallartige Erhebung der Uterinschleimhaut, in deren Mitte die 2 Millimeter grosse Keimblase liegt.

Fig. 3. Die Keimblase isoliert. ⁴⁰/₁. Rekonstruktionsbild. In der Wurzel der „Zentralzotte" ist der Keim bemerkbar.

Fig. 4—6. Der Keim, isoliert. Rekonstruktionsbilder in 200facher Vergrösserung.

Fig. 4. Der Keimschild von oben gesehen; Amnion weggelassen. Die Primitivrinne ist schwach angedeutet.

Fig. 5. Derselbe im Profil — *am* Amnionstiel, dessen Zipfel in das Mesenchympolster übergeht. Vergl. Figur 7.

Fig. 6. Derselbe von vorn.

Fig. 7. Keimblase des Semnopithecus pruinosus nebst Umgebung, im Schnitt. ⁴⁰/₁. Camera. — *a* Amnionhöhle, *B* Bindegewebe, *Bl* mütterliche Blutkörper, *C* erweiterte Capillare, *Ca* Capillare, in den intervillösen Raum sich öffnend, *Ch* Chorionektoderm, *CU* Cavum uteri, *Dr* Drüsengang, *E* Dottersack, *Ex* Exocoelom, *I* intervillöser Raum, mit Mutterblut gefüllt, *K* kolbenförmige Wucherungen des Uterusepithels, später in Zellennester zerfallend, *M* Mesoderm, *Pl* Plasmodiblast (van Beneden), Plasmodialschicht, *Sy* Syncytium, aus Zellennestern entstanden, *U* taschenartige Einsenkungen des Uterusepithels, *x* ein vom sekundären Placentarpolster abgerissener Teil des Chorion, *Z* Zellennester.

Fig. 8. Schnitt durch das wuchernde Uterusepithel des sekundären Placentarkissens, Randpartie. Vergr. ca. 600. Camera. — *B* Bindegewebszellen, *C* Capillaren, *CU* Cavum uteri, *K* kolbenförmige Einwucherung des Uterusepithels, später in Zellennester zerfallend, *N* Zone der Nesterzellen, *U* Zone des geschichteten Uterusepithels.

In die Zentralzotte hinein ragt ein Zipfel des Amnion (Fig. 7), der auf den Ort hinzuweisen scheint, wo die Abschnürung des Amnion vor sich ging.

Für diese Deutung spricht der vom Chorion bis unmittelbar an den äussersten Amnionzipfel reichende Schlauch der in Figur 9 (S. 340) abgebildeten Keimblase. Dieser Schlauch ist einschichtig, enthält ganz unzweifelhaft keinen Belag von Syncytialzellen; aber an seiner Ausmündung in den intervillösen Raum beginnt das Syncytiallager. Ich halte diesen Schlauch für den Amnionnabelstrang, der zufällig sich in diesem Einzelfalle erhalten hat.

Auch in Figur 22 auf Seite 186 der Menschenaffen ist ein hohler Schlauch (*a*), der ebenfalls in der Richtung des Amnionzipfels gelegen ist, vielleicht ähnlich zu deuten. Doch konnte ich mich früher nicht entscheiden, ob derselbe als ein Stück nachträglich abgeschnürten Chorions oder als zufällig erhaltenes Stück des Amnionnabelstranges zu deuten sei, da seine Wandung aus zwei Zellschichten besteht. Nachdem ich den Befund der Fig. 9 festgestellt, scheint mir die letztere Deutung richtig, und über die Bildung des Amnion beim Affenkeimling mache ich mir nun folgendes Bild.

Wie bei den Nagern und Insektivoren, bei denen eine Entypie des Keimfeldes statt hat, der Verschluss oder die Abschnürung des Amnion selbst bei nahe verwandten Formen in sehr verschiedener Weise vor sich gehen kann, so mag auch bei Affen und Menschenaffen dieser Prozess etwas verschieden-artig verlaufen! Die Regel ist vielleicht, dass die formativen Zellen des Keim-schildes und des Amnionektoderms sich in Gestalt einer soliden Kugel abschnüren. So vollzieht sich wenigstens die Abschnürung auch bei Pteropus und Cavia cobaya, wo sicherlich die Verwachsung in gleicher Weise wie bei Affe und Mensch, näm-lich im Bereiche der Keimschildpartie geschieht. In anderen Fällen mag die Keimfeld-Entypie derartig vor sich gehen, dass sich Keimschild- und Amnionektoderm-Zellen als hohle Blase ins Keimblaseninnere vorbuchten und einen langen Amnionstiel entstehen lassen, der sich auch nach der Abschnürung noch eine Zeitlang erhält (Menschenaffen, S. 186, Fig. 22, Schlauch a; Fig. 9). Weitere Spekulationen über dieses Problem scheinen mir unnötig; hier müssen neue Thatsachen Aufklärung bringen, die zu finden mir trotz ausserordentlicher Opfer an Zeit und Geld nicht beschieden ward.

Die Gastrulation des Affen- und Menscheneies vollzieht sich im allgemeinen nach dem Typus der übrigen Säugetiere; nur ist die räumliche und zeitliche Scheidung der beiden Entoderm- und Mesoderm-Keime noch etwas weiter gediehen.

Wie die neueren Untersuchungen ausgezeichneter Forscher, wie KUPFFER, KEIBEL . . . . und besonders letzthin BONNET ergeben haben, hat der Verlust des Dotters im Säugetierei zu der Trennung der ursprünglich einheitlichen Anlage des Entoderms geführt, bis schliesslich das Dotterblatt (Dottersackentoderm) früher und ohne Zusammenhang mit dem Protentoderm (Urdarmstrang, Urdarm, Kopffortsatz) sich ausbildet.

Bei den meisten Nagern und Insektivoren mit Keimfeld-Entypie erscheint das Auftreten des Urdarms verzögert, indem die formativen Zellen des Keimschildes (Schild-ektoderm und Amnionektoderm plus Urdarm und dessen Derivaten) schon während der Verwachsung des Eies mit dem Uterusepithel als kugeliges Gebilde isoliert werden. Aber der gesamte Mesoblast scheint hier, wie in anderen Säugetiereiern, erst hervor-zutreten, nachdem der Urdarm sich angelegt hat.

Bei Affen und Mensch aber wird ein Mesenchymgewebe schon früher von dem Dotterblatt geliefert. Denn lange bevor irgendwelche Differenzierung des Keimschildes in Schildektoderm und Urdarm begonnen hat, findet sich schon ein ge-schlossenes Lager von Mesenchymzellen, welches epithelartig das einschichtige (glatte) Chorion auskleidet und in den Zotten und am Amnionzipfel ein lockeres Polstergewebe darstellt (Fig. 7, M).

Aus diesem Befunde lassen sich für die Entwickelung des Eies der Affen und des Menschen folgende Schlüsse ableiten:

1. Nach der Verschmelzung des Chorion mit dem Uterusepithel müssen die formativen Zellen des zukünftigen Embryos ins Einnere geschoben werden.

2. Zugleich oder unmittelbar danach lösen sich die **Bildungszellen des Dotterblatts** von den formativen Zellen und bilden einen, dem Keimschilde anliegenden Sack. (Fig. 7, E₁).

3. Unmittelbar darauf treten Mesenchymzellen auf, die unter Vergrösserung der Chorionblase zwischen Chorion und Dotterblattblase sich eindrängen und letztere vom Chorion abheben, indem sie die Innenfläche des Chorion austapezieren, und Amnionektoderm wie Dotterblattblase überdecken, zugleich in den Zotten ein lockeres Gewebe bildend.

4. Die Abschnürung des amniogenen Ektoderms vom Chorionektoderm geschieht sehr frühzeitig, jedenfalls vor Differenzierung des Keimschildes. Doch können die schlauchartigen, in der Verlängerung des Amnionzipfels gelegenen Gebilde, die sich in einigen Fällen vorfanden, als ein restierender Amnionstiel gedeutet werden.

Zur Tabelle: Differenzierung des Keimschildes bis gegen Verschluss der Rückenwülste.

In der Tabelle sind die Objekte nach dem Entwickelungsgrade des Keimschildes geordnet, was vielleicht nicht immer ganz den Altersstufen der Keimblasen entsprechen mag. Eine Prüfung in dieser Beziehung grenzt aber an die Unmöglichkeit.

Auffallend ist die grosse Übereinstimmung des ganzen Entwickelungsganges bei den verschiedensten Spezies. Mit der Vergrösserung und Differenzierung des Keimschildes geht Hand in Hand sowohl die Vergrösserung und Vaskularisation des Dottersackes, die Ausbildung der Medullarwülste, als auch sogar die Vergrösserung der Chorionblase und deren Zottenfelder, und es finden sich nur Unterschiede untergeordneter Art.

Von den 12 Affenkeimlingen unterscheiden sich:

1. zwei Fälle durch Verzögerung der Anlagen der sekundären Placenta, was nicht Wunder nehmen kann,

2. nur bei einem Schwanzaffen *Cu* wurde ein langer, mit dem Amnionzipfel in Kontakt stehender, jedoch von diesem abgeschnürter Schlauch gesehen, der sich gegen den intervillösen Raum öffnet. Dies scheint ein restierendes

Differenzierung des Keimschildes bis gegen Verschluss der Rückenwülste.

	Durchmesser der primären Placenta in Millimetern	Durchmesser des sekundären Keimschildes in Millimetern	Form	Blutanach (8 Jahren)	Medullarplatte	Primitivplatte, Ur... verschiedenes Blastoporal	Bemerkungen

Stück des Ammonkanals zu sein (siehe oben S. 335 und 336), der sonst nur noch bei Hylobates in ähnlicher Lage angetroffen wurde.

3. Spezifisch verschieden verhalten sich die Zotten, sowohl in Gestalt als im Rhythmus der Vermehrung. Eine grössere Centralzotte, in deren Basis stets der Keim liegt, konnte ich nachträglich bei allen jüngeren primären Placenten der Schwanzaffen nachweisen; in den sekundären Placenten erschienen von Anfang an die Zotten, nahezu gleichartig. Bei Nasenaffen erhalten schon die jungen Zottensprossen Seitenästchen, sonst sind sie anfangs schlauchförmig. — Die Zottenfelder des Gibbon unterscheiden sich selbstverständlich von denen der Schwanzaffen u. s. w.

Amnion [und Allantois].

Durch zahlreiche Thatsachen ist in den letzten Decennien dargelegt, dass manche Organe sehr stark innerhalb einer Spezies [oder doch innerhalb] einer Klasse variieren. Dahin gehören für die Amnioten von frühen Embryonalorganen zumal Amnion und Allantois, [sowie] die Form der Primitivplatte.

Wo von aussen kommende Störungen eintraten, sind diese Variationen am grössten, das beweisen die Keimblasen der Affen und des Menschen. Von aussen Kommende! Es wäre doch kurzsichtig, die unter sich ähnlichen caenogenetischen Veränderungen, welche die Eier sämtlicher Saugetiere mit Keimfeld-Entypie aufweisen, als autochthone, ich will damit sagen, als von aussen unbeeinflusste, zu betrachten. Mag nach van Beneden's vorzüglichen Untersuchungen auch die Struktur des abgefurchten Eies selbst erst Gelegenheit darbieten zur Ausbildung neuer Variationen; erst durch äussere Einflüsse, nämlich durch die frühzeitige Verwachsung des Eies mit dem Uterusepithel wird Veranlassung gegeben zu Neuerungen in den Organanlagen! Diese von aussen her veranlassten Bildungen mögen als **allochthon** bezeichnet werden.

Amnion und Allantois sind autochthone Organe; die junge Allantoisanlage des Meerschweinchens und der Primaten besteht aber anfangs nur aus Mesodermgewebe bei Primaten sogar dauernd, und diese Form kann eine allochthone genannt werden.

Der Haftstiel der Primatenkeimlinge ist eine, dem Amnion und darauf auch der Allantois zugehörige Wucherung des Mesenchymgewebes, die ganz offenbar auf frühe Verwachsung des Eies zurückzuführen ist; dies Gebilde ist daher ein allochthones, d. h. unter dem Einflusse äusserer Bedingungen entstandenes.

Ein ganzes Gebilde, oder auch nur seine Form kann autochthon oder aber allochthon sein.

44*

Cercocebus cynomolgus Cu.

Fig. 9 u. 10.

Ventroplacenta 10 mm zu 8 mm.

Dorsoplacenta rund, Durchmesser 4,5 mm.

Der Embryo ist der Ventralwand des Uterus angeheftet.

Der Uterus wurde seitlich geöffnet, nach Durchschneidung des ringförmigen Chorion laeve völlig aufgeklappt und unter dem Zeiss'schen Binokularmikroskope der

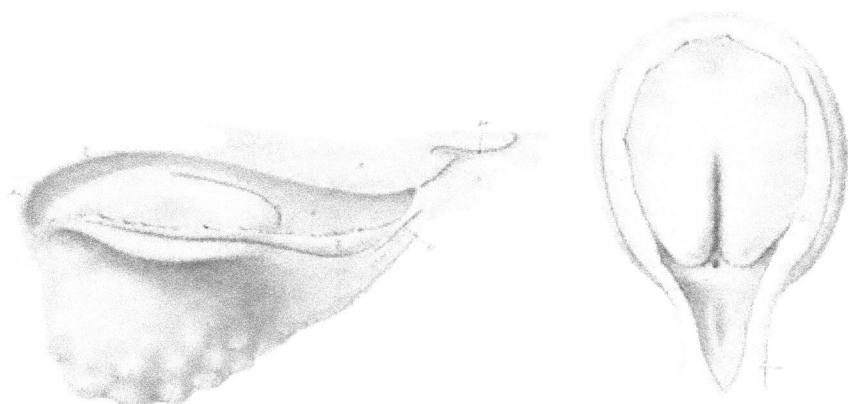

Fig. 9 und 10.

[Keim des Cercocebus cynomolgus Cu. Verg. ?. = a Amnionhöhle, All Allantoisgang, Am Amnion, Au Amnionnabelstrang, Ch Chorion. D Dottersack, H Haftstiel. M Mesenchym, R Rückenwülste, S Schnittlinie des Amnion, x hintere Lippe des canalis neurentericus.]

Keim von anhaftendem Schleim und Zellensträngen befreit, mit dem Prisma gezeichnet, dann mitsamt einem Stück Uterus herausgeschnitten, in der Seitenansicht gezeichnet. nach schwacher Färbung und Durchtränkung mit Xylol abermals gezeichnet und dann eingebettet und mikrotomiert. Die Schnitte wurden genau senkrecht zu der Längsachse des Keimes geführt. Nach den 0,02 mm dicken Schnitten wurde ein Wachsmodell angefertigt, und nach diesem und den Schnitten wurden die ursprünglichen Zeichnungen ergänzt.

Der Keimschild bis an den Umschlagsrand des Amnion mass im Spiritus 0,84 mm Breite und etwa 1,2 mm Länge; der Dottersack 0,67 mm Breite.

341

Der Keimschild lässt zwei Abschnitte unterscheiden, die durch den Can. neurentericus getrennt sind; im vorderen erheben sich die Markplatten beiderseits der tief eingesenkten Medullarfurche. Die Medullarwülste erheben sich am hinteren Rande in die Höhe und zwar so schroff, wie ich es nur an Affen und an Menschen kenne (Fig. 9 und 10). Nach vorn erscheint die Hautmarkplatte schwach konvex gewölbt; erkennbar in zwei unbedeutenden Einsenkungen sind die Augenblasen!

Der Can. neurentericus besitzt keine Vorderlippe, sondern senkt sich aus der Markrinne direkt ein; hinter dem Canalis erhebt sich aber ein mächtiger, querer Wulst, die hintere Lippe des Canalis. Hinter dem Wulste erscheint das Primitivfeld schwach konvex, beiderseits abwärts gesenkt; eine Primitivrinne ist nur ganz schwach angedeutet.

Das Amnion überdeckt locker den Keimschild. Das Amnionektoderm verläuft nach hinten verjüngt und setzt sich in einen 0,08 mm langen Zellenstrang fort, welcher in einen, mit dem intervillösen Raume kommunizierenden dünnen Schlauch übergeht (Fig. 9). Solch einen Schlauch fand ich auch bei dem Keimling *Ab* des Hylobates (Menschenaffen S. 186, Fig. 22—23), doch stand derselbe nicht mehr, wie es hier der Fall ist, in offener Kommunikation mit dem intervillösen Raume. Es ist kaum in Zweifel zu ziehen, dass dieser Schlauch den Amnionnabelstrang repräsentiert, d. h. jenes Stück des Chorion, welches die schlauchförmige Brücke bildet zwischen dem „entypierten Keimfelde" und dem Chorion. In den meisten Fällen kommt dieser Amnionnabelstrang nicht zur vollen Ausbildung, denn nur in drei Fällen (unter 13) fand ich denselben vor: entweder als blindsackförmige Einsenkung des Chorion, oder als isolierten, im Mesenchym eingebetteten, wurstförmigen, mit hohlen Knöspchen versehenen Schlauch, oder, wie in diesem Falle als gegabelten, gegen den intervillösen Raum offenen Schlauch, der durch einen Zellenstrang direkt noch mit dem Amnionektoderm in Verbindung steht.

(NB! Ausführen, warum diese Variabilität nicht auffallend. Feldmaus ebenso?)

Der Dottersack zeigt äusserlich buckelige Auftreibungen. Sie sind hervorgerufen, durch darunterliegende Gefässanschwellungen. Sein Lumen setzt sich hinten in den Allantoisschlauch fort.

Eine Herzanlage konnte ich nicht mit Sicherheit wahrnehmen.

Der Keimling *Cu* unterscheidet sich von den Keimlingen der Nicht-Primaten gleicher Entwickelungsstufe:

1. durch die auffallende Form der Medullarwülste,
2. durch die Anwesenheit eines gegen den intervillösen Raum offenen Schlauches, der durch einen Zellenstrang mit dem Amnionektoderm in Verbindung steht; es ist ein Amnion-Nabelstrang.

Erklärung zu den Figuren 11, 11 a—e u. 12.

Fig. 11. Embryo des Semnopithecus cephalopterus *Wa.* Vergr. ⁷⁄₁. — *All* Allantoisgang, *b* knopfartiger Anhang eines Dottersackgefässes, *C* Herz, *Ch* Chorion, *Da* Darm, *K* Kopfdarm, *Zo* Wurzel einer Zotte. Die Linien a—e bezeichnen die Lage der in Fig. 11 a—e dargestellten Querschnitte.

Fig. 11 a—e. Querschnitte a—e in der Richtung der Linien der Figur 11. — *A* Amnion, *Ae* Amnionektoderm, *Am* Amnionmesoderm, *Ag* Augenblasen, *All* Allantoisschlauch, *Ao* Aorten, *Au* Arteria umbilicales, *C* Cölom, *cor* Herz, *H* Haftstiel, *K* Kopfdarm, *R* Medullarplatte, *S* Schwanzdarm, *Uv* Venae umbilicales, *s* nach vorn gerichteter Blindsack (vgl. Fig. 11).

Fig. 12. Embryo des Semnopithecus cephalopterus *Wa.* Vergr. ³⁄₁. — *A* Amnion, *A'* Amnionzipfel im Haftstiel, *All* Allantoesgang, *Au* primäres Augenbläschen, *B* Blutgefäss auf dem Dottersack, *b* knopfartiger Anhang eines Dottersackgefässes, *H* Haftstiel, *n* Canalis neurentericus, *U* Vena umbilicalis, *Z* Räume auf dem Dottersack zwischen den Maschen der Blutgefässe.]

Die eigentümliche Gestalt der Medullarwülste findet sich auch bei den übrigen Primaten, wenigstens bei den wenigen bisher untersuchten Keimen gleicher Entwickelungsstufe; der sich längere Zeit erhaltende Amnionnabelstrang scheint nur zuweilen zur Ausbildung zu gelangen.

Beide Bildungen sind sehr wahrscheinlich als Ausflüsse der frühzeitigen Verwachsung des Eies mit dem Uterusepithel zu betrachten.

Semnopithecus cephalopterus, Wanderu, *Wa.* von Ceylon.

Fig. 11, 11 a—e, 12.

Die Keimblase und die beiden kreisrunden, einander gegenüberliegenden Placenten glichen im allgemeinen denen des Embryos *C* (S. 344—350); ich habe sie daher nicht abgebildet. Die Präparation und das Zeichnen geschah unter denselben Kautelen, wie sie auf Seite 349 angegeben sind. Besondere Sorgfalt wurde auch auf die Wiedergabe der Dottergefässe verwendet.

Dreizehn Urwirbel sind angelegt, der vierzehnte ist in Abschnürung begriffen. Die Kopfbeuge beginnt; Halsgegend und vorderste Rückenpartie sind eingesenkt.

Das Medullarrohr ist vorn spaltartig offen und hinten noch zu einer breiten Platte ausgebreitet (Fig. 12).

Die Augenblasen haben sich ausgestülpt, eine Gliederung des Gehirns ist noch nicht zu bemerken. Eine auffallende seitliche Krümmung des Hirns nach links lässt den Kopfteil unsymmetrisch erscheinen, auch die Mesodermanlage des Kopfes ist nicht symmetrisch ausgebildet. Bekanntlich gehören dergleichen Asymmetrien, die häufiger noch an dem hinteren Körperabschnitte in der Region des Primitivstreifs vorkommen, nicht zu den Seltenheiten. Sie sind individuelle Unregelmässigkeiten, die ohne Schaden der Weiterentwickelung allmählich ausgeglichen werden. Der Darm reicht sehr weit nach vorn.

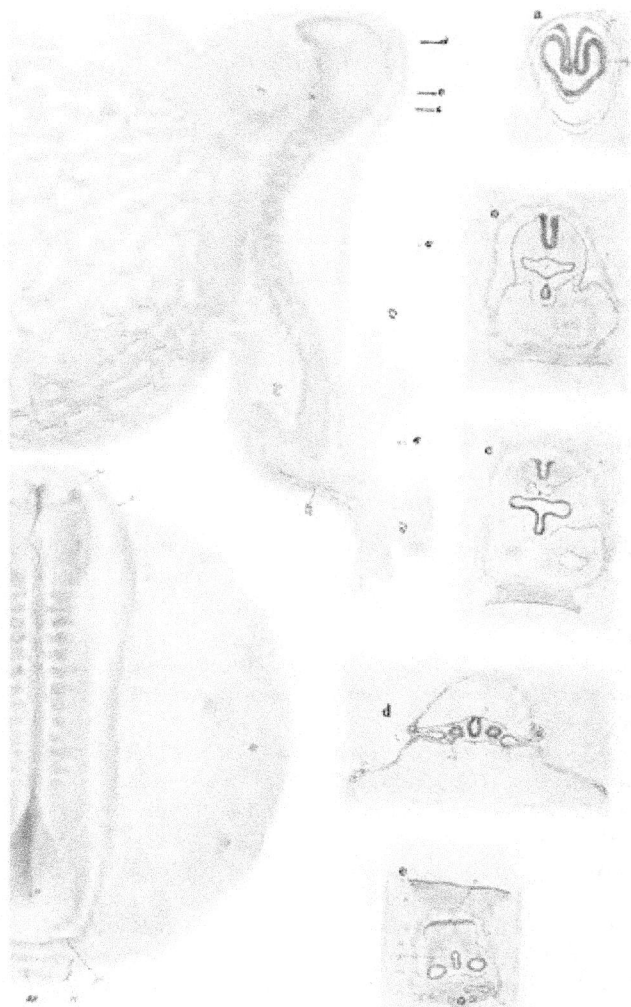

Fig. 12.

Fig. 11 a-e

Die Gefässe des Dottersacks sind weit und sehr unregelmässig ausgebildet; auf der linken Hälfte bilden sie ein Netzwerk, auf der rechten erweitern sie sich stellenweise zu weiten Blutbeuteln (Fig. 11–12). Die Gefässe sind möglichst gewissenhaft mit Hilfe der Camera bei auffallendem Lichte in die Figuren 11 u. 12 eingetragen.

Der Allantoisschlauch reicht auffallend weit in das Mesenchymgewebe hinein. Das ist wohl ein Zufall. Wie in manchen anderen, etwas jüngeren oder älteren Keimblasen finden sich auch hier knopfartige Anhänge der Dottersackgefässe, die bisweilen zu langen Schläuchen auswachsen können (Lieferung 3 der Menschenaffen. Seite 186). Die Blutgefässe haben sämtlich Endothelauskleidung und beherbergen kernhaltige Blutkörper.

Das Gefässsystem zu rekonstruieren habe ich unterlassen; Abbildung 2, Taf. 12 möge Ersatz dafür geben.

Ein Canalis neurentericus ist noch vorhanden. Das Hinterende des Embryos ist in der Entwickelung zurückgeblieben. Dieses Verhalten ist bei Beschreibung des Embryos C (S. 347–348) ausführlich erörtert.

Die übrigen Organanlagen sind aus den Zeichnungen zu ersehen. Genaueres vermag ich nicht darüber mitzuteilen, da die Einbettung, die ich einem anderen überlassen hatte, ungenügend war und infolgedessen die Schnitte recht mangelhaft ausfielen.

Cercocebus cynomolgus, Cr. (früher Sc.); gemeiner Makak oder Javaaffe.

Fig. 13, 14, 15, 16; Tafel 12.

Zu den auffallendsten caenogenetischen Modifikationen, welche der menschliche Embryo während der dritten Woche des Uterinlebens aufweist, gehört die Rückenfaltung oder Rückenknickung; sie vollzieht sich während der Anlage der zweiten und dritten äusseren Kiemenfurche, ist aber bis zur Bildung der vierten Kiemenfurche bereits vollständig verstrichen.

His[1] beschrieb und zeichnete diese Rückenknickung bei drei menschlichen Embryonen; Sedgwick Minot[2] bildet in der Fig. 27 seines Lehrbuchs der Entwickelungsgeschichte einen solchen Embryo ab.

Beide Forscher äussern ihre Zweifel, ob diese scharfe Rückenknickung als normaler Vorgang zu betrachten ist, oder ob sie, wie dies His als möglich angiebt, durch postmortale Einflüsse über das Normale hinaus gesteigert worden ist.

[1] W. His. Anatomie menschlicher Embryonen. Tafel IX.
[2] Ch. S. Minot. Lehrbuch der Entwickelungsgeschichte des Menschen. Deutsch von S. Kaestner, Leipzig 1894.

Der hier beschriebene Affenembryo zeigt nun die gleiche Knickung. Genau wie beim Menschen fällt die Umbiegungsstelle in den 12. bis 14. Urwirbel. Diese drei Urwirbel zeigen sich in meinem Präparate deformiert, indem ihr dorsaler Teil durch Pressung verschmälert, ihr ventraler Abschnitt durch Zugkraft verbreitert erscheint. (Tafel 12, Fig. 2.)

Verglichen mit den menschlichen Embryonen gleicher Entwickelungsstufe ist die Knickung bei dem Affen weniger stark, weniger tief; es ist jedoch nicht ausgeschlossen, dass dieselbe eine ähnliche Form erreicht, wie bei dem Menschen. Ich kann darüber nichts Näheres mitteilen, weil mir die unmittelbar vorangehenden und nachfolgenden Entwickelungsphasen unbekannt geblieben sind.

Wie ist diese Rückenknickung, die bisher nur bei Embryonen des Menschen und eines Affen zur Beobachtung kam, zu deuten?

Ist sie zu betrachten als regulärer, den Primaten zukommender Vorgang? Ist sie bedingt durch die revolutionären Einflüsse, welche schon die atypische Anlage des Keimschildes hervorrief?

Zur Beantwortung dieser Frage diene folgende Thatsache zum Leitstern: Die Keimschilder, Keimlinge und jungen Embryonen der Affen und des Menschen gleichen sich während der ersten drei Schwangerschaftswochen ganz auffallend, unterscheiden sich zugleich vor allen andern bisher untersuchten Säugetieren durch eine ganze Reihe caenogenetischer Sonderbildungen.

Diese Sonderbildungen lassen sich nun zum Teil wirklich ganz ungezwungen als Folge der eigentümlichen Verwachsung der Eiblase mit dem Uterusepithel betrachten, und die Rückenknickung ist als eine natürliche Konsequenz dieser organologischen Veränderungen anzusehen; sie stellt die letzte der caenogenetischen Umwandlungen dar. Das tritt durch folgende Betrachtung ins Licht. Die jüngsten Keimschilder der Primaten, die wir kennen, sind der Keimschild eines Lutung[1] (Semnopithecus pruinosus) und derjenige des von Peters beschriebenen Menscheneies[2]. Abgesehen von einem einzigen Furchungsstadium des Eies von Macacus nemestrinus, welches ich der grossen Güte meines Freundes Hubrecht verdanke, sind bisher ausschliesslich solche Keimblasen der Primaten beobachtet, in denen der Keimschild bereits angelegt, jedoch noch nicht differenziert war. Diese Verhältnisse habe ich ausführlich auf Seite 201—208 der Menschenaffen dargelegt und in der oben citierten Arbeit über Placentaranlage des

[1] Selenka, Placentaranlage des Lutung (Semnopithecus pruinosus) von Borneo. Sitzungsberichte der mathemat.-physikal. Klasse der k. bayer. Akademie der Wissenschaften. 1901. Heft 1 mit 2 Tafeln
[2] H. Peters, die Einbettung des menschlichen Eies und das früheste bisher bekannte menschliche Placentationsstadium. Mit 14 Tafeln. Leipzig und Wien, Deuticke 1899.

Lutung in Wort und Bild ergänzt. Der letzteren Publikation entnehme ich die folgenden schematischen Abbildungen, welche die mutmassliche Entstehung der primitiven Organe der ganzen Keimblase veranschaulichen sollen.

Zur Beobachtung kam nur die in Fig. 13e dargestellte Keimblase; Fig. 13a—b sind erdacht, und zwar nach Analogie derjenigen Säugetierkeime, welche ebenfalls durch frühzeitge Verwachsung eine abnorme Anlage des Keimschildes und des Eitings erfahren, wie Mäuse, Ratten, Hyppudaeus, Cavia, Pteropus (SELENKA. Studien über Entwickelungsgeschichte der Tiere. Heft I, III und V).

Halten wir uns an die Fig. 13e, die eine schematische Darstellung des in Fig. 7 abgebildeten Schnittes giebt und an die aus der Schnittserie rekonstruierten Fig. 3—6.

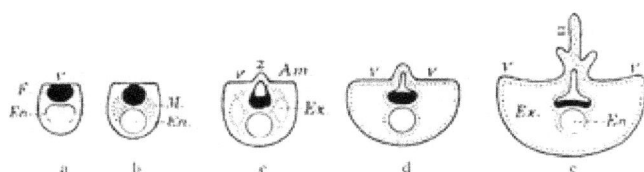

Fig. 13.

Schematische Darstellung der mutmasslichen Bildung des Amnion bei Affe und Mensch

Dicke Umrisslinie = Chorionektoderm.
dünne Kreislinie = Dotterblatt.
punktierte = Mesoderm.

Am = Amnion. *En* = Dottersack. *Ex* = Exocölom.

F = Formative Keimschildzellen, welche sich vermutlich als kugeliges Gebilde abschnüren und aus denen das Ektoderm des Amnion und des Keimschildes sowie der Primitivstreif hervorgehen.

M = Mesoblast.

V = Verwachsungsfläche des Eies mit dem Uterusepithel.

Z = Die bei den Schwanzaffen zuerst gebildete Centralzotte.

Der Keimschild ist schwach oval und besteht aus einer Schicht hochcylindrischer oder konischer Zellen, deren Kerne in verschiedenem Niveau liegen. An den Rändern biegt er in das Amnionektoderm, einen zugespitzten Sack, um. Dem Keimschilde liegt der Dottersack an, das Dotterblatt. Als äusserer Überzug erscheint das einschichtige Mesoderm, welches auf das Amnionektoderm übergeht und am Zipfel desselben sich zu einem Zellenstrang verdickt.

[Hier fehlt eine Seite des Manuskripts].

Was diese Keimanlage des Lutung vor allen anderen Keimen der Säugetiere auszeichnet, ist ihre Fixierung am Amnionstiel, und zwar ist es ihr Mesoderm, welches diesen Haftstiel zu einem soliden Strange ausbildet, während

die übrigen Teile des Keimes frei in der zähen Flüssigkeit des Exocöloms Ex
(Fig. 7) flottieren. Allerdings finden sich schon frühzeitig (das Petrus'sche Ei), einzelne
Mesodermstränge, die von der inneren Chorionwand an das Mesoderm des Dottersackes
treten, und später vermehren sich diese Haftstränge, sodass der ganze Dottersack wie
mit Dutzenden von Fäden und filzigen Zellensträngen festgeheftet ist — aber anfangs
ist es der amniotische Mesodermstrang, welcher die Keimanlage fixiert. Er verdickt
sich schnell, überwuchert etwa den dritten Teil der Amnionoberfläche (Selenka, Studien
Tafel XXXV, Fig. 6) und endlich sogar den hinteren Abschnitt des Dottersackes
(Menschenaffen, Seite 180). Während dessen ist der Keimling herangewachsen, aber
das Hinterende desselben ist nun ganz eingebettet in den Mesodermstiel des Amnionzipfels, desgleichen der hintere Abschnitt des Dottersackes (Menschenaffen, Seite 186).

So erscheint es ganz erklärlich, dass das Hinterende des Keimlings in
seiner Entwickelung gehemmt wird, während der übrige Keimschild normal sich
weiter differenziert. Die Fixierung und Umbettung seitens des Amnionmesodermstieles
ist also offenbar der Grund, dass der hintere Abschnitt des Embryos in seiner Differenzierung gehemmt wird!

Und noch eine zweite Folge hat diese Einbettung. Die Allantois, indem sie
sich in Gestalt eines Schlauches ausbuchtet, trifft auf den Mesodermstiel und ist nun
gezwungen, in dieses Mesodermgewebe sich einzubohren, findet aber hier einen unüber-
windlichen Widerstand und sistiert ihr Wachstum; sie bleibt im Anfangsstadium
erhalten, und nur das ihr zugehörige Mesodermgewebe — ohne irgendwelche erkenn-
bare Abgrenzung gegen das wuchernde Mesodermgewebe des Amnionstiels des Chorion
— verbreitet sich zugleich mit den Blutgefässen auf der Innenfläche des Chorion und
in die Zotten (Menschenaffen, Seite 186).

Durch Einwachsen des Allantoisschlauches und der Allantoisgefässe wird der
Haftstiel dicker und kompakter; er rundet sich ab, und erscheint, sobald die ersten
Urwirbel auftreten, als ein kurzer, rundlicher Embryonalstiel (Studien z. Entwickelungs-
gesch. V, Tafel XXXVIII), in welchen auch das nunmehr geknickte Hinterende des Keimlings eingebettet liegt! (Menschenaffen, Seite 180 und
186; Fig. 9 und 11 dieser Lieferung). Und während im vorderen und mittleren Abschnitte des Embryos die Entwickelung ungehemmt weiter schreitet, hinkt sie im
hinteren Abschnitte (etwa vom 18.—20 Urwirbel ab nach hinten) in der Ausbildung
nach: das Rückenmark bleibt hier noch lange Zeit offen (Fig. 12 und Fig. 13). Die
Differenzierung in Urwirbel schreitet erst ganz allmählich weiter nach hinten vor, bis
zum Schlusse ziemlich spät die Ausbildung des Schwanzes erfolgt.

45*

Erscheint so die retardierte Differenzierung der hinteren Körperhälfte des Embryos aus mechanischen Ursachen plausibel, so vermag ich für die Rückenknickung nur die Erklärung beizubringen, dass das relativ feste Gefüge der ganzen Hinterhälfte des Embryos und dessen innige Verbindung mit dem Dottersack und dessen hinteren Gefässsträngen die typische Streckung des Embryos zeitweilig verhindern und eine Knickung hervorrufen. Ob die Spannung des Amnion (Fig. 14) diese Knickung begünstigt, wage ich nicht zu behaupten.

Diese Erklärung gewinnt an Glaubwürdigkeit, wenn man sich vorstellt, dass die Embryonen der Säuger und der Amnioten überhaupt zeitweilig eine konkave Rückeneinbiegung erleiden, und die Knickung lediglich als verstärkte Einbiegung erscheint.

Verzögerung der Differenzierung der hinteren Hälfte der Embryonalanlage wäre demnach als Ursache der Rückenknickung zu betrachten. Es ist zu vermuten, dass diese transitorische Rückenknickung allen östlichen Primaten zukomme. Wenigstens ist bei allen bisher untersuchten Keimlingen ein Haftstiel aufgefunden; die unmittelbar dem Knickungsstadium voraufgehenden und ihm folgenden Stadien stimmen aber so vollkommen überein, dass auch der Prozess der Einknickung der hinteren Hals- und vorderen Rückenpartie als ein für die Primaten typischer Vorgang betrachtet werden kann.

Ich wies die Existenz eines Haftstiels als Embryophor nach bei

Cercocebus cynomolgus (Java, Borneo, Sumatra etc.),

Semnopithecus pruinosus (Borneo),

   „   maurus (Java),

   „   nasicus (Borneo),

   „   cephalopterus (Ceylon),

   „   mitratus — Surili (Java),

Hylobates concolor (Borneo),

   „   Rafflesi ? (Sumatra).

Von His und Sedgwick Minot ist der Haftstiel und die Rückenknickung beim Menschen nachgewiesen.

Ob auch die amerikanischen Affen die gleichen Bildungen aufweisen, wird die Zukunft lehren. Es ist mir nicht gelungen, auf meiner Reise in Brasilien junge Keime dieser Tiere zu bekommen.

Über den Bau des hier besprochenen Keimlings, der in seiner Entwickelungsstufe einem menschlichen Keime von ungefähr dreizehn Tagen entspricht, ist noch folgendes zu melden: «Die histologische Struktur konnte wegen der Konservierung in Alkohol nicht näher berücksichtigt werden.»

Die ventrale Hälfte des Uterus ist in der Innenansicht auf Tafel 12 in Figur 1 abgebildet. Das kleine ventrale Zottenfeld *W* löste sich bei Eröffnung des Uterus von der Ventroplacenta ab. Die Dorsoplacenta besitzt Gestalt und Grösse der Umrisslinie des Chorion laeve *Ch.* welches von Uterinschleim umspült wurde. Die elliptische Form der Dorsoplacenta und des Chorion ist Ausnahme; in der Regel haben beide nahezu Kreisform.

Der Innenraum der Chorionblase zeigte sich beim Eröffnen mit einem schleimigen von zähen Fäden durchzogenen Gerinnsel erfüllt, welches unter dem Zeiss'schen Binokularmikroskope bei auffallendem Sonnenlichte mittelst sehr feinspitziger Pincetten und Scheren herausgeholt wurde, bis Keimling nebst Nabelbläschen frei lagen; dann, nachdem der Keimling mit Hilfe der Camera lucida in situ gezeichnet und genaue Maasse desselben genommen waren, wurde er durch einen Schnitt am Grunde des Haftstiels abgeschnitten, in verschiedenen Lagen plastisch skizziert, schwach durchgefärbt, in Xylol aufgehellt, nochmals sehr sorgfältig bei vierzigfacher Vergrösserung in durch- und auffallendem Lichte fertig gezeichnet, endlich in Paraffin eingebettet und in 200 Querschnitte von je 0,02 mm zerlegt. An der Hand dieser Schnitte konnten schliesslich noch einige Details, sowie der Verlauf der Blutgefässe in die Zeichnungen eingetragen werden, wobei der geringen Schrumpfung, die der Embryo durch Behandlung mit Xylol und Paraffin erfahren hatte, gebührend Rechnung getragen ward.

Ich habe die Präparationsmethode hier näher beschrieben, um den Leser zu überzeugen, dass die Abbildungen auf grosse Genauigkeit Anspruch erheben dürfen.

Der Keimling misst in der Länge 3,25 mm. Er zeigt am 12. 14. Urwirbel eine starke Einsenkung. Denkt man sich diese ausgeglichen und den ganzen Rumpfteil gestreckt, so resultiert eine Gesamtlänge von etwa 4 mm, — gemessen bis zum hinteren Rande der noch offenen Rückenfurche.

Erst ein einziger Kiemen- und Schlundwulst ist vorhanden.

Das Medullarrohr ist geschlossen bis auf das hintere offene Ende; in Hals- und Rückenpartie lassen sich deutliche Vorragungen des Medullarrohrs erkennen, die Anlagen der oberen Spinalwurzeln. Deutlich zu erkennen sind die fünf Hirnblasen und deren Lumina; neben der Hinterhälfte des Hinterhirns liegen die Labyrinthgrübchen (Fig. 15). Zwanzig bis einundzwanzig Ursegmente oder Urwirbel sind angelegt, die hinteren noch unvollkommen von dem Urwirbelblastem getrennt. Neben dem 9. Urwirbel beginnt das sog. Urnierenblastem, jederseits ein solider Strang, der bei durchfallendem Lichte neben dem 9. bis 14. Urwirbel erschien und deutliche, metamerische

Fig. 16.

Fig. 14.

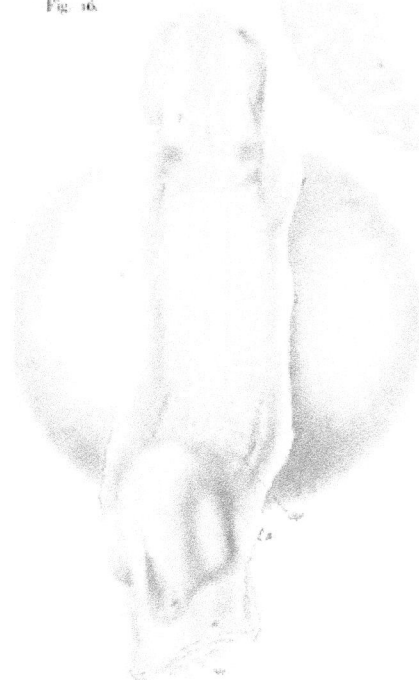

Fig. 15.

Fig. 14. (Embryo des Cercocebus cynomolgus *C*. Vergr. ⁴⁄₁. — *A* Amnion, *a* Wurzel des Amnion, *All* Allantoisgang, *b* knopfförmiger Anhang an einem Blutgefäss des Dottersacks, *c* Herz, *E* caudales Ende des Embryo, *g* Gehörgrübchen, *h* Leber.)

Fig. 15. (Embryo von Cercocebus cynomolgus *C*. Vergr. ⁴⁄₁. — *P* Amnion (Schnittlinie), *All* Allantoisgang, *g* Gehörgrübchen. *H* Haftstiel, *Ubl* Urnierenblastem, *y* caudales noch offenes Ende des Medullarrohres.)

Fig. 16. (Ventrale Wand des Vorderdarmes des Embryo von Cercocebus cynomolgus *C*. Vergr. ⁸⁄₁. Gezeichnet nach einem von Strussa gearbeiteten Plattenmodell.)

Anschwellungen zeigte, die in den Querschnitten jedoch nicht scharf zu erkennen wären weiter nach hinten hängt das Blastem mit den Urwirbelmassen zusammen. Vom vordersten Urnierenkörperchen trennt sich jederseits ein solider Strang ab, der frei, nach hinten verläuft und in der Höhe des 16. bis 17. Urwirbels mit dem Ektoderm in Verlötung getreten ist. (Taf. 12, Fig. 6), dieser Strang ist der „Wolffsche Gang".

Das Amnion umhüllt locker den Keimling, [auch schon sein] Herz. Aus den Querschnitten und aus Fig. 15 ist seine Anheftungslinie ersichtlich.

Das Gefässsystem ist geschlossen. In Fig. 2, Taf. 12 ist dasselbe nach Querschnitten rekonstruiert, nur die Gefässe des Dottersacks sind nach dem unverletzten Präparate mit dem Prisma direkt eingezeichnet.

Die Gefässbahnen unterscheiden sich kaum von den Abbildungen, welche His von menschlichen Embryonen ähnlicher Entwickelungsstufe in so vortrefflicher Weise gegeben hat. Nur der erste Aortenbogen ist ausgebildet, der zweite als Knospe der Aorta descendens (II) wahrnehmbar. Auf dem Dottersack finden sich an der vom Keime abgekehrten Fläche 15 rundliche, von der Fläche sich erhebende Anschwellungen; es sind dies blinde kolbenförmige Gefässanschwellungen von Gefässenden, wie ich solche auch schon auf jüngeren Dottersäckchen des Hylobates beschrieben habe (III. Lieferung der Menschenaffen, Fig. 22 und 23). Sie sind vermutlich transitorische Gebilde, die nur gelegentlich eine Reihe von Tagen oder Wochen auch beim Menschen sich erhalten können; ich vermute, dass ihr Vorkommen ein allgemeines ist, da ich die gleichen Knötchen auf den Dottergefässen anderer junger Keimlinge wiederfand (Fig. 11 und 12).

Leider sind mir keine Keimlinge der nächstfolgenden Entwickelungsstadien in die Hände gekommen, sodass ich nicht sagen kann, ob die Einknickung bei den Affen noch weiterschreitet und bis zu jenem Maasse der Zusammenknickung gelangt, wie dies His [und] Stdgwick Minot von menschlichen Embryonen mit 2 und 3 Schlundwülsten beschrieben haben. Es ist aber kaum zu bezweifeln, dass diese Rückenknickung bei Affe und Mensch ein typischer und normaler Vorgang sei, denn der Verlauf der Nabelgefässe, die straffe Spannung des Amnion in der hinteren Körperpartie schliesst die Annahme, dass hier eine künstliche [Verunstaltung][1] vorliege, vollkommen aus! Auch fällt bei Affe und Mensch der Ort der schärfsten Einknickung ungefähr zusammen; er liegt beim Makak am 12.—13., beim Menschen am 13.—14. Urwirbel. Wie His lehrte, verstreicht beim Menschen diese Rückenknickung binnen wenigen Tagen vollständig.

[1] Im Manuskript Schrumpfung.

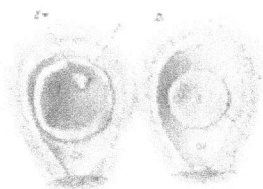

Fig. 17

Fig. 17. [Uterus mit Ei von Cercocebus
cynomolgus Gd. Vergr. ¼. — Ch Chorion,
D Dottersack. De Decidua, Em Embryo, S Ventroplacenta, U? Uterushöhle.]

Fig. 18. [Embryo von Cercocebus cynomolgus Gd. Vergr. ⁵⁄₁. — a Amnion, v Anlage der vorderen Extremität, h Anlage der
hinteren Extremität.]

Fig. 19. [Embryo von Cercocebus cynomolgus Gd. Vergr. ⁵⁄₁. — c Herz, D Dottersack, H Haftstiel.]

Fig. 20. [Embryo von Cercocebus cynomolgus Gd. Vergr. ⁵⁄₁.

Fig. 19

Fig. 18

Fig. 20

Das Darmrohr ist noch in sich abgeschlossen, da das Rachensegel unverletzt ist.

Der Dottersack war durch so zahlreiche freie Fadengerüste an der inneren Fläche der sekundären Placenta festgehalten, dass beim Öffnen der Chorionblase der Bauchstiel durchriss.

[Die ventrale Wand des Vorderdarms von Cercocebus cynomolgus *Cc* nach einem von SELENKA gearbeiteten Plattenmodell zeigt bei fünfzigfacher Vergrösserung die Fig. 16. Von vornher wölbt sich die noch nicht durchgebrochene Mundbucht in den Darm vor. Sie erscheint asymmetrisch, was wohl auf Rechnung von Unregelmässigkeiten des Modells zu setzen ist. Rechts und links ist eine entodermale Kiementasche zu erkennen, die das Ektoderm berührt. Das aber, was SELENKA besonders auffiel, war der Wulst in der Mitte der ventralen Darmwand dicht kaudal von den beiden ersten Kiementaschen. Im Querschnitt erscheint derselbe in Fig. C der Taf. XII. Er ist dort als Epiglottis bezeichnet, doch kann es sich wohl nicht um die Anlage der Epiglottis handeln, und SELENKA scheint von dieser Deutung auch selbst wieder zurückgekommen zu sein.]

Cercocebus cynomolgus *Cl.* Makak.

Fig. 17—20.

Dieser Embryo entspricht einem menschlichen von etwa 24—25 Tagen (Taf. X, Fig. 8, His, Anatomie menschlicher Embryonen).

Den geöffneten Uterus stellt Fig. 17 in natürlicher Grösse dar. *N* ist die kleinere Ventroplacenta; die grössere (primäre) Dorsoplacenta ist durch das noch anhaltende Chorion *Ch* verdeckt. Nach Entfernung des schleimigen, von Haftfäden und Fadengerüsten durchzogenen Gerinnsels im Exocölom wurde der Embryo nebst Nabelbläschen, *Aw* und *D*, sichtbar. Der Haft- oder Bauchstiel wurde nahe seiner Anheftungsstelle durchschnitten und der Embryo in der oben erwähnten Weise gezeichnet (Fig. 18–20). Die Kopf-Steiss-Länge betrug 3.1 mm.

In den drei Zeichnungen Fig. 18—20 ist das Amnion weggelassen, der Dottersack in Fig. 18 abgeschnitten.

Was vor allem in die Augen springt, ist der unförmige Becken- und Schwanzteil, die gegen den übrigen Körper in ihrer Entwickelung auffallend zurückgeblieben sind, entsprechend der [verzögerten Entwickelung] des hinteren Körperabschnitts schon während der Differenzierung des Keimschildes.

Drei Paar Schlundfurchen sind äusserlich zu sehen, die sich ebensowenig wie beim Menschen in den Schlunddarm öffnen.

Die WOLFF'sche Leiste weist zwei Verdickungen auf, die Anlage der Extremitäten.

354

Fig. 22.

Fig. 21. [Geöffneter Uterus des Cercocebus cynomolgus *Cw.* Vergr. ⅓.]

Fig. 22. [Embryo des Cercocebus cynomolgus *Cw.* Vergr. ⁵⁄₁.]

Fig. 21.

Cercocebus cynomolgus. *Cm..* (Pontianak-Borneo).

Fig. 21 ! und 22 ',''.

Den geöffneten Uterus stellt Fig. 21 in natürlicher Grösse dar. *Chl* = Chorion laeve; [*M* — Muskulatur des Uterus;] *P* sekundäre Placenta; *Z* Zotten der primären Placenta.

[Den Embryo *Cm*[*]] zeigt Fig. 22 achtzehnmal vergrössert, er entspricht etwa einem menschlichen Embryo von 27—30 Tagen. (Fig. 9 der His'schen Normentafel). An der Zeichnung erkennt man 39 Urwirbelpaare. Der Embryo zeigt Scheitel-, Nacken- und Rückenbeuge, die Schwanzanlage ist sehr kräftig. Die Augen sind klein; offenbar haben wir offene Linsengrübchen vor uns; man erkennt ein flaches aber deutlich ab- gegrenztes Riechfeld. Vier gut entwickelte Kiemenbogen, am ersten ein kräftiger Ober- kieferfortsatz sind angelegt. Die Extremitäten sind ungegliederte Platten. Das Amnion, das dem Embryo offenbar noch dicht anlag, überkleidet den Bauchstiel eine Strecke weit. Die Oberfläche des Dottersackes erscheint durch die Gefässe rauh. *A* = Amnion- scheide des Bauchstiels. *B* Bauchstiel, *Ch* — Chorion, *Zo* = Zotten des Chorion.]

Semnopithecus mitratus. Surili. *Sr.* (Java)

(durch HERRNCHT).

Fig. 23 ',' und 24 ','.

[Der in Figur 23 und 24 bei vierzehnfacher Vergrösserung wiedergegebene Embryo ist wenig weiter entwickelt als der Embryo *Cm*, er steht dem menschlichen Embryo 9 (27—30 Tage) der His'schen Normentafel fast noch näher als jener. Seine NL be- trägt 8,75 mm. Man erkennt 41(—42) Urwirbelpaare. Der kräftige Schwanz ist am Ende knopfförmig aufgetrieben, dieser Knopf birgt offenbar das erweiterte kaudale Ende des Medullarrohres. Das Riechfeld ist etwas tiefer eingesunken als bei Embryo *Cm*, den 4. Kiemenbogen sieht man nicht mehr, der 1. und 2. sind kräftiger ausgestaltet. Auf dem Dottersack ist ein Teil der Gefässe freigelegt. *A* — Amnion, *B* = Bauchstiel.]

Cercocebus cynomolgus Nr. 1 (Java).

Fig. 25 !, Fig. 26—28 !.

[Fig. 25 stellt einen Schnitt durch Uterus mit Ei dreimal vergrössert dar; der Fundus des Uterus ist nach unten gekehrt. *A* Amnion, *Ch l* Chorion laeve, *P p* Pla-

---

[*] Eine andere Abbildung desselben Embryo wurde von mir in HERTWIG's Handbuch der Ent- wickelungslehre als Fig. 60 c wiedergegeben, dort ist das Riechfeld weniger deutlich, auch lässt sich ein Urwirbel weniger erkennen.

357

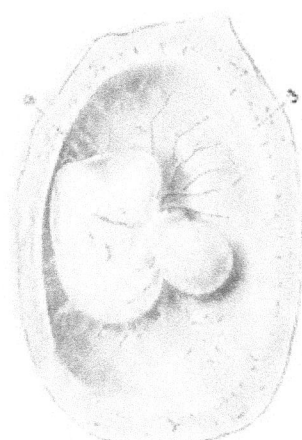

Fig. 25   Fig. 26.

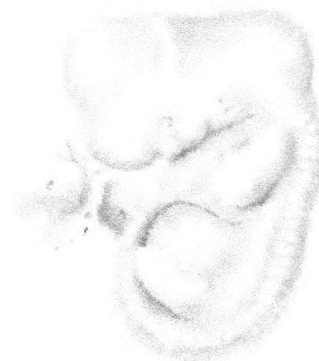

Fig. 27.   Fig. 28.

Fig. 25. [Embryo des Cercocebus cynomolgus Nr. 1 im Uterus. Vergr. ⅔.]
Fig. 26. [Embryo des Cercocebus cynomolgus Nr. 1. Vergr. ⅔.]
Fig. 27. [Embryo des Cercocebus cynomolgus Nr. 1. Verg ⅔.]
Fig. 28. [Embryo des Cercocebus cynomolgus Nr. 1 Vergr. ⅔.]

centa prima. Der in den Fig. 26—28 in sechsfacher Vergrösserung dargestellte Embryo entspricht etwa den in der His'schen Normentafel als 11 und 12 dargestellten Embryonen (Alter 27—30 Tage); ebenso wie jene Embryonen zeichnet er sich durch einen starken Nackenhöcker aus. Auch der 3. Kiemenbogen ist unter dem Hyoidbogen verschwunden. Die Nasengrube ist beträchtlich tief, und das Nasengebiet hebt sich auch äusserlich ab. An den Extremitäten sind die Stellen von Ellbogen und Knie zu erkennen. Hand und Fussplatte sind deutlich, aber noch nicht gegliedert. *A* = Amnion, *B* = Bauchstiel, *N* = Nabelstrang.]

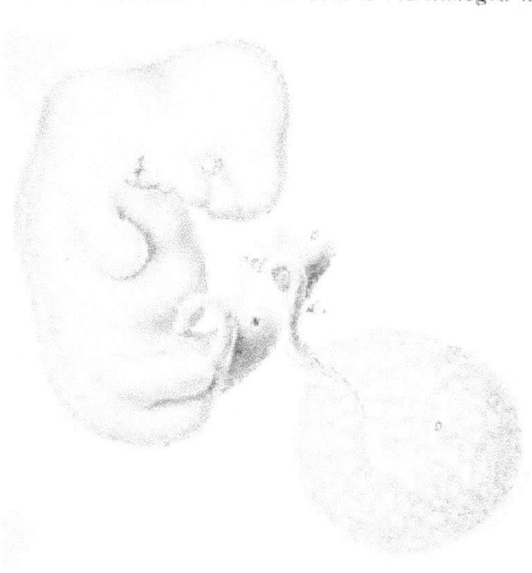

Fig. 29.

[Embryo des Semnopithecus mitratus *H.* Vergr. 6/1.]

Semnopithecus mitratus. Surili. *H.* (Java).

Fig. 29 6/1.

[Der in Fig. 29 bei sechsfacher Vergrösserung dargestellte Embryo ist etwa ebenso weit entwickelt, wie der vorige. Die Schwanzpartie tritt weniger hervor. *A* = Amnion, *B* = Bauchstiel, *D* = Dottersack, *N* = Nabelstrang.]

Cercocebus cynomolgus Nr. 2, *C*.

Fig. 30—33 6/1.

[Der in Fig. 30—33 sechsfach vergrössert dargestellte Embryo entspricht etwa den Embryonen 18 und 19 der His'schen Normentafel (Alter etwa 35 Tage); er hat einen sehr starken Nackenhöcker, der infolge des gleichzeitigen Auftretens einer tiefen Nackengrube besonders auffällt. Das Gesicht bekommt Form. Die Endplatten der vorderen und der hinteren Extremitäten beginnen sich zu gliedern und lassen die Anlagen der Finger und Zehen erkennen. *A* = Amnion, *B* = Bauchstiel, *D* = Dottersack, *N* = Nabelstrang.]

Semnopithecus maurus. *Lm.* (Ida) Lutung (Java).

Fig. 34 6/1.

[Der in Fig. 34 bei sechsfacher Vergrösserung dargestellte Embryo lässt sich nicht mehr so leicht einem menschlichen Embryo vergleichen, am ehesten dürfte er noch

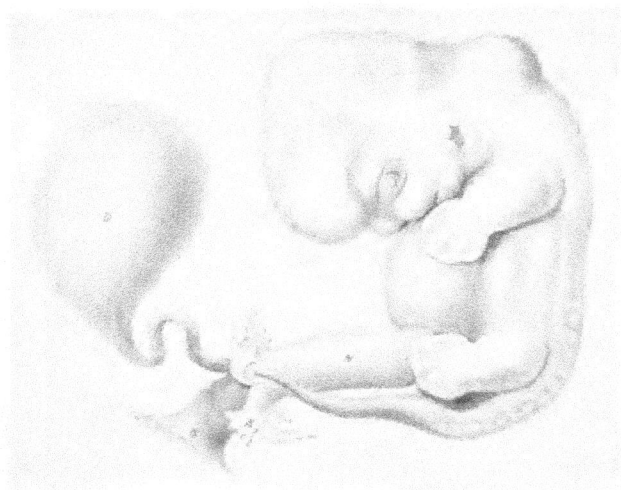 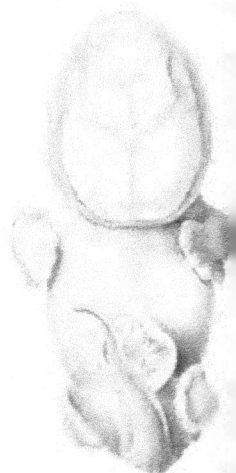

Fig. 30   Fig. 31.

 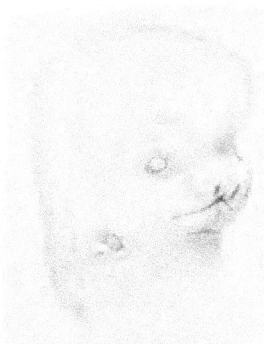 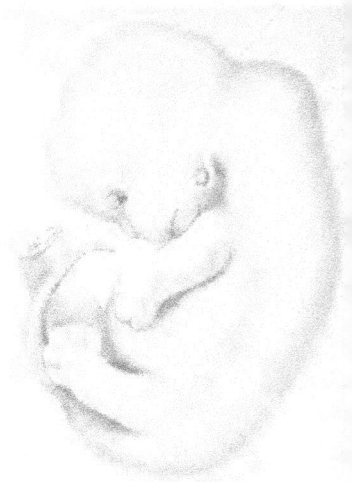

Fig. 32.   Fig. 33

Fig. 30—33. [Abbildungen des Embryo Cercocebus cynomolgus Nr. 2, Cf. Vergr. ⁴⁄₁.]

Fig. 34. [Embryo des Semnopithecus maurus *Lin.* Ida.
Vergr. ⁴⁄₁.]

Fig. 34.

dem Embryo zu der His'schen Normentafel an die Seite zu stellen sein [Alter etwa 39—40 Tage. Der Schwanz ist künstlich etwas abgehoben.]

Fig. 36. Fig. 35.

Fig. 35. [Eröffneter Uterus des Embryo Hylobates agilis, *Ha.* mit Placenta. Vergr. 2:1]

Fig. 36 u. 37. [Abbildungen des Embryo von Hylobates agilis, *Ha.* Vergr. 3:1]

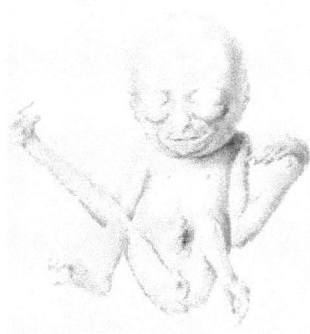

Fig. 37.

Hylobates agilis. *Ha.*

Fig. 35—37.

Nach Eröffnung der Gebärmutter parallel und nahe dem Ligamentum latum wurde die Nabelschnur durchschnitten, um den in Kopflage befindlichen Embryo besser zeichnen zu können; um den Fötus in seine natürliche Lage zu bringen, müsste derselbe mit dem Kopf nach unten auf die Placenta gelegt werden.

Die Decidua capsularis zeigte sich schon locker verwachsen mit dem Uterusepithel, soweit sie mit diesem in Berührung gekommen. Das Chorion ist ausserhalb der Placenta zu einem lockern Gewebe geworden und mit der Decidua capsularis verwachsen; Zottenreste konnte ich nicht mehr auffinden. Das Amnion liegt überall dem Chorion locker an, nur hie und da durch vereinzelte Fäden mit demselben verbunden, sodass es sowohl im Placentarbezirke als ausserhalb desselben leicht abzutrennen war.

Es bezeichnet C, C die Capsularis plus Chorion plus Amnion.

D die dorsale Uterushälfte,

V die ventrale Uterushälfte,

P Scheibenplacenta, etwas unregelmässig im Umriss,

P Scheibenplacenta, durchschimmernd.

Hylobates Mülleri *Hm.*, Sintang   am Kapuas (Borneo) (2. VIII. 1894).
Fig. 38 |.

Gut erhaltenes Alkoholpräparat. In genau dreimaliger Vergrösserung gezeichnet. Eine scheibenförmige Ventroplacenta.

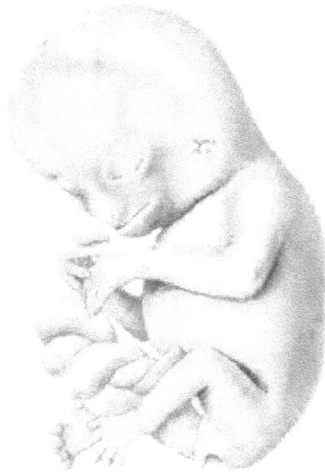

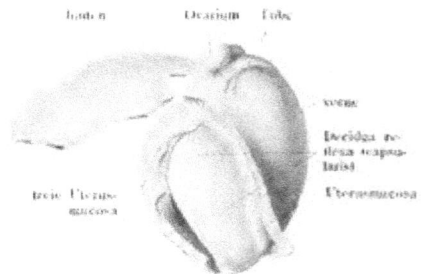

Fig. 39.

Fig. 38. [Hylobates Mülleri *Hm.* Vergr. ?.]
Fig. 39. [Uterus des Hylobates concolor Nr. C.
Vergr. c ?.]

Fig. 38.

Amnion vollständig verwachsen mit der inneren Chorionwand. Dottersack nicht aufzufinden.

An den Vorderhänden waren die Nägel schon gut differenziert, an den Füssen noch nicht.

Zottenend
Stammzotte
Syncytium   Langhans'sche
Zellschicht
Fig. 40.

Fig. 41.

Helix

Anthelix

Taenia
Inferioris

Tragus

Fig. 42.

Fig. 43

Fig. 44.

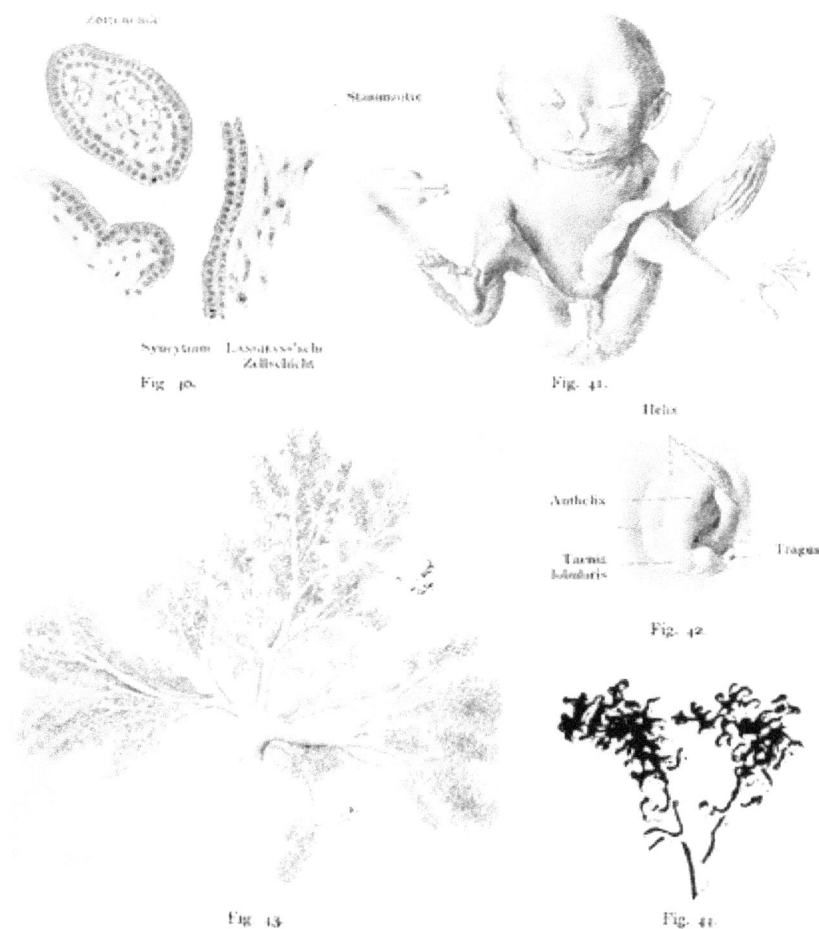

Fig. 40. [Schnitt durch den Teil einer Stammzotte und ein Zottenende vom Chorion des Hylobates concolor Nr. C. Vergr. ²⁵⁄₁.]

Fig. 41. [Embryo des Hylobates concolor G 3. Vergr. ⅓.]

Fig. 42. [Ohr des Hylobates concolor G 3. Vergr. ½.]

Fig. 43. [Chorionzotte des Embryo von Hylobates concolor G 3. Vergr. ½.]

Fig. 44. [Ein Teil der in Fig. 43 dargestellten Zotte. Vergr. ⁷⁄₁.]

Hoden noch innerhalb des Bauches.

Epitrichial-Haut löst sich stellenweise los.

Der Uterus war noch nicht aufgeschnitten. In der Amnionhöhle getrübte Flüssigkeit.

Steisslage, aber der Embryo liegt in einer geräumigen Höhle, deren Weitung wohl das Dreifache fast des Embryonalkörpers an Volumen besass.

[Mit diesem Embryo sollte die Reihe der jüngeren Stadien, das 5. Kapitel abschliessen.]

B. Fragmente über ältere Föten von Primaten.

(Körperform, Placentation, äusseres Ohr.)

[Für das 6. Kapitel, welches den älteren Stadien gewidmet sein sollte, fand ich im Nachlass folgendes Material vorbereitet. Zunächst eine Reihe Hylobatesembryonen. Diese sollte mit dem jetzt als G 8 bezeichneten schon im 3. Kapitel veröffentlichten (Menschenaffen, S. 167, Fig. 6 u. 7) und dort als Hylobates concolor Nr. C bezeichneten Embryo beginnen; beide Bilder sollten noch einmal reproduziert werden. Ferner fand sich im gleichen Umschlag eine Zeichnung des geöffneten Uterus, welchem dieser Embryo entnommen war. Für diese Zeichnung, Fig. 39, giebt SELENKA folgende Erklärung: Seitenansicht des im frontalen Durchmesser aufgeklappten Uterus. Auf der ganzen hinteren Seite ist die Uterusschleimhaut von der Muscularis abgelöst und hängt mit dem Ei zusammen. Der Verwachsungsrand der Decidua reflexa (capsularis) mit der Mukosa ist an der rechten Seite etwa 0,5 cm unterhalb des unteren Ovariumrandes gelegen. Von dieser Gegend nach hinten fällt der Verwachsungsrand steil ab, sodass an der hinteren Fläche die Eispitze nur 1,5 cm weit und links und links vorne nur der untere Eipol frei erscheint. Der Defekt in der rechten seitlichen Uterusmukosawand ist durch das Aufschneiden des Uterus entstanden. Mit Ausnahme des hinten und hinten rechts befindlichen freien Uterusmukosalappens fällt der Verwachsungsrand mit dem abgerissenen zusammen.

[Fig. 40 stellt den Schnitt durch einen Teil einer Stammzotte und ein Zottenende dar; man erkennt die LANGHANS'sche Zellschicht und das Syncytium in schöner Ausbildung.]

[Als G 3 wird der in Fig. 14 in natürlicher Grösse wiedergegebene Embryo bezeichnet. Es ist ein Embryo von Hylobates concolor (Borneo). [Fig. 42 stellt das äussere Ohr des Embryo G 3 dreifach vergrössert dar. SELENKA bemerkt zu der Zeichnung:]

1. Das äussere Ohr steht in seiner Entwickelung dem Stadium E (MIXOT-His 14 Wochen)[1] am nächsten.

[1] [Vergl. His, Anatomie menschlicher Embryonen, III, S. 217, Fig. 148, die Abbildung ist von His als „Ohr eines Foeus von ca. fünf Monat" bezeichnet, Mixot bezeichnet (Entwickelungsgeschichte, Deutsche Ausgabe, S. 767, Fig. 131) eine Kopie der His'schen Figur als „vierzehn Wochen" ab.]

47*

2. Der Tragus und die Taenia lobularis befinden sich in E in einer Senkrechten; bei G 3 dagegen in einer Wagrechten; beide Teile treten in der Grösse den übrigen Teilen gegenüber bedeutend zurück.

Fig. 45

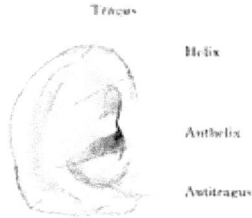

Fig. 47

Fig. 46

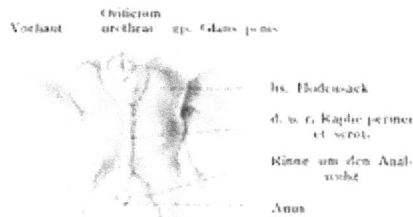

Fig. 48

Fig. 45. [Geschlechtsteile und Aftergegend des Embryo von Siamanga syndactylus Nr. E. Vergr. ?.]
Fig. 46. [Männlicher Fötus von Hylobates concolor Nr. G, später G 1, im Uterus. Verg. ?.]
Fig. 47. [Ohr des Fötus Fig. 46. Verg. ?.]
Fig. 48. [Geschlechtsteile des Fötus Fig. 46. Vergr. ?.]

3. Die Helix läuft bei G 3 ganz flach in die Anthelix aus, bei E ist sie dagegen durch eine tiefe Rinne von derselben getrennt.

4. Die Unterschiede in der äusseren Konfiguration beziehen sich hauptsächlich auf die untere, unter der Fläche a—a gelegene, an Grösse und Stellung im Vergleich zu E bedeutend zurücktretende Portion.

[Fig. 43 giebt eine Chorionzotte des Embryo G 3 sechsfach vergrössert, Fig. 44 einen Teil einer solchen Zotte zwanzigfach vergrössert.]

[Der Embryo G 5, der nun folgen sollte, ist der bereits als Fig. 8, Menschenaffen, S. 167, abgebildete Embryo von Siamanga syndactylus Nr. E. Ausser einem

Fig. 49.   Fig. 50.   Fig. 51.

Fig. 49. [Fötus von Hylobates concolor G 2. Vergr. ⅔.]
Fig. 50 u. 51. [Kopf des Fötus von Hylobates concolor G 4. Vergr. ⅓.]

Neudruck dieser Figur, sollten die Geschlechtsteile und die Aftergegend dieses Embryo abgebildet werden, wie sie Figur 45 in doppelter Vergrösserung zeigen.]

[Auch der folgende Embryo von Hylobates concolor (Borneo) G 1, ist als Fig. 8, S. 168, im dritten Kapitel der Menschenaffen bereits abgebildet; er ist dort als Hylobates concolor, Nr. G, bezeichnet. Der männliche Fötus befand sich in Kopflage, und in seiner Lage im Uterus zeigt ihn Fig. 46 auf ¾ verkleinert. Das Ohr des Embryo zeigt Fig. 47; Selenka bemerkt zu der nicht ausgeführten Skizze:] Stadium älter als G 3. Die untere Partie des Ohres Taenia-Tragus hat relativ an Grösse zugenommen. Die Helix ist etwas schärfer durch zwei Furchen, (oder künstlich abgeflachten Mulden?) von der Anthelix abgegrenzt. Der Antitragus ist als schwache

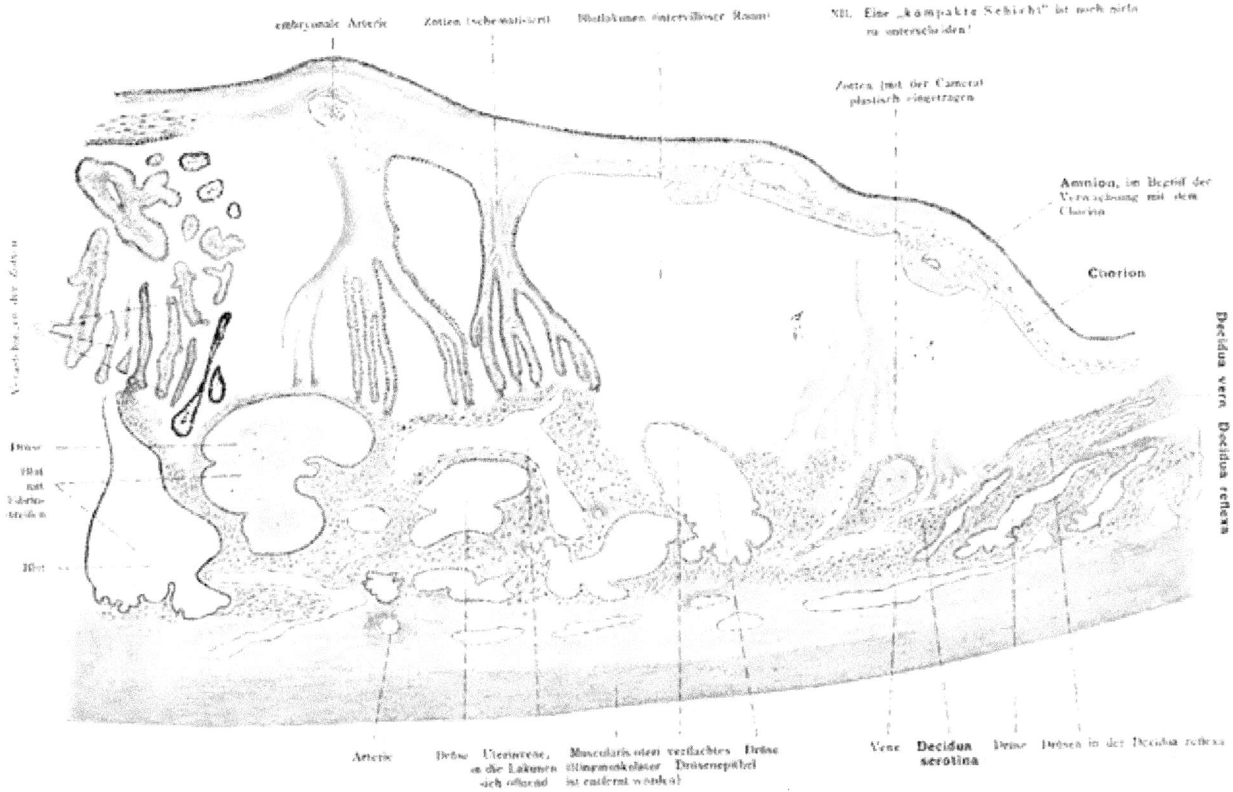

Fig. 52.

Verzweigungen der Zotten

embryonale Arterie

Zotten (schematisiert)

Blutlumen zwischen diesen Räumen

VII. Eine „kompakte Schicht" ist noch nicht zu unterscheiden

Zotten (auf der Convext plötzlich eingetragen)

Amnion, im Begriff der Verschmelzung mit dem Chorion

Chorion

Arterie

Uterusvene, Muscularis oder verästelter Drüse

Vene

Decidua serotina

Decidua vera   Decidua reflexa

Prominenz angedeutet. Das Ohr E ist in seinem Abschnitte Taenia-Tragus im Vergleich zu G 1 um 90° in senkrechter Richtung gedreht.

[Fig. 48 zeigt die äusseren Geschlechtsteile und den Anus von G 1 in doppelter Vergrösserung.] Der männliche Geschlechtsapparat ist in der Entwickelung etwas weiter als das Stadium der Ziegler'schen Modelle 5 (3 Monate) fortgeschritten. 1. Die Urethra, die in Modell 5 als Geschlechtsrinne noch offen steht, ist in G 1 allseitig umschlossen. — 2. Die Vorhaut ist in G 1 ein dicker Wulst. — 3. Die Hodensäcke in Ziegler's Modell 5 noch ziemlich flach, sind in G 1 bereits stark hervorgewölbt. — 4. Die

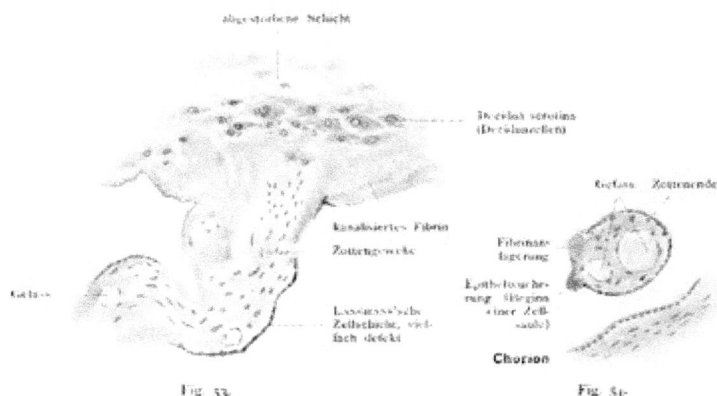

Fig. 53. [Ein Zottenende aus der Placenta des Hylobates concolor G 2. Verbindung mit dem Uteringewebe. Vergr. ⁵⁄₁.]
Fig. 54. [Schnitt durch ein Zottenende aus der Placenta des Hylobates concolor G 2. Daneben ein Stück Chorion. Das Syncytium ist geschwunden. Vergr. ⁵⁄₁.]

Raphe ist in beiden Fällen als starker Wulst sichtbar. — 5. Die Analöffnung ist in G 1 von einem breiten, mächtigen Wulst umgeben, welcher von den angrenzenden Weichteilen durch eine tiefe, hufeisenförmige, nach hinten flach auslaufende Rinne abgegrenzt ist. — 6. Der Embryo Hylobates G 3 (jüngeres Stadium), steht in der Ausbildung der äusseren Genitalien in jeder Hinsicht dem Embryo G 1 gleich.

[Die Skizzen, welche von den als G 6, G 7 bezeichneten Embryonen von Hylobates concolor (Borneo) gegeben sind, eignen sich nicht zur Reproduktion. Die Skizze von Embryo Hylobates concolor (Borneo) G 2 (Scheitelsteisslänge ca. 11,4 cm) sei als

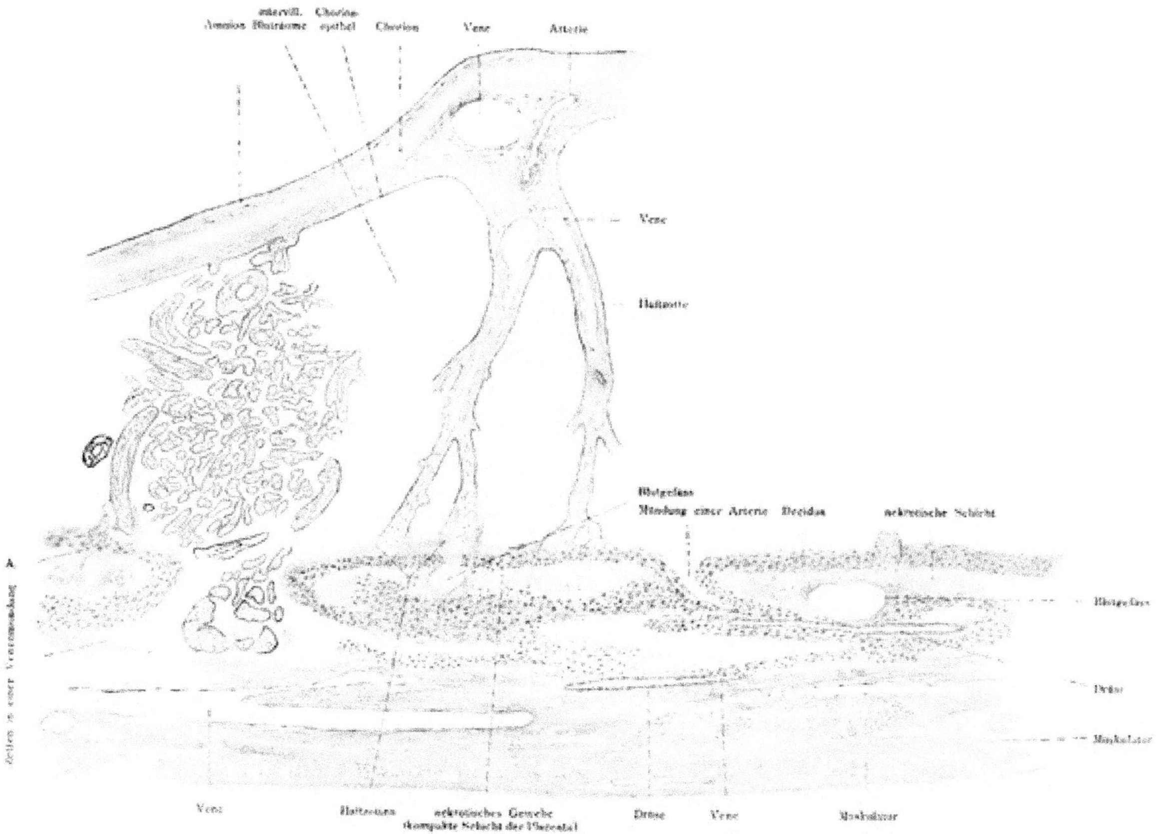

Vena

Uterotum

embryonales Gewebe
(kompakte Schicht der Placenta)

Zirbe

Vene

Muskulatur

Fig. 55.

zweischl. Chorion
Amnion Häutchen epithel   Chorion   Vene   Arterie

Haftstiel

Vene

Blutgefässe
Membran einer Arterie   Decidua

aekretische Schicht

Muskulatur

Darm

Blutgefässe

Fig. 49 wiedergegeben, weil wir alsbald noch auf seine Placenta zurückkommen müssen. Der Embryo von Hylobates concolor (Borneo) G 4 war der grösste dieser Serie. Die Steisscheitellänge des Embryo betrug etwa 14 cm. Von dem ganzen Embryo fand sich nur eine flüchtige Skizze vor, dagegen zwei schön ausgeführte Zeichnungen, welche seinen Kopf darstellen und hier als Fig. 50 und 51 wiedergegeben seien. Ausser den Skizzen, welche die äussere Gestalt der Embryonen betrafen, befanden sich — offenbar zur Veröffentlichung an gleicher Stelle bestimmt — Darstellungen von Chorionzotten und von dem Aufbau der Placenta, wie ja Selenka auch in früheren Publikationen die Grundzüge der Placentation gleich im Anschluss an die äussere Form behandelt hat. In Fig. 40, 43 und 44 sind bereits derartige Zeichnungen wiedergegeben worden. Fig. 52 giebt eine weitere. Sie befand sich in einem Umschlag, der G 5 - G 6 überschrieben war; sie ist bezeichnet als:] Schnitt durch die Randpartie der Placenta von Hylobates concolor; Kombinationsbild. (Embryo von 9 Centimeter Kopf-steisslänge.) [Die Abbildung war durch eine Umrisszeichnung mit eingetragenen Bezeichnungen erläutert.]

[Von dem in der Skizze, Fig. 49, wiedergegebenen Embryo G 2 fanden sich vier die Placenta betreffende Zeichnungen, Fig. 53-56 geben dieselben wieder. Fig. 53 ist bezeichnet als] Hylobates concolor (G 2) Schnitt: Verbindung der Zotte mit dem Uterusgewebe. (Embryo circa 14 cm Kopfsteisslänge.) [Fig. 54 ist bezeichnet:] Hylobates (G 2). Schnitt durch ein Zottenende. Das Syncytium ist geschwunden. [Fig. 55 ist ein Schnitt durch einen Teil der Placenta des Embryo G 2, wir finden die Bezeichnung:] Hylobates. Placenta, aus mehreren Schnitten kombiniert. Rechtes Drittel nicht schematisch. Die äussere Schicht der Muscularis ist entfernt. Embryo 14 cm Kopfsteisslänge. [In Fig. 56 ist die mit A bezeichnete Partie stärker vergrössert dargestellt. Die Figuren 53, 54 und 56 waren durch Umrisszeichnungen erläutert, in welche die Erklärungen eingetragen sind; die Bezeichnungen zu der Fig. 55 stammen von mir.] [Vom „Roten Affen", wir können ihn nach einer von Herrn Dr. Jentink in Leiden gütigst gegebenen Auskunft wohl unbedenklich als Semnopithecus rubicundus ansprechen[1], fanden sich drei ausgeführte Zeichnungen. Fig. 57 zeigt den Embryo eines solchen Affen im Uterus (Bez. H 11). Fig. 58 giebt einen beträchtlich grösseren Embryo wieder, Fig. 59 den dazu gehörigen Uterus mit der Placenta [Bez. beidemale H 11]. Von Inuus speciosus (Japan) fanden sich, abgesehen von Zeichnungen des äusseren Ohres, auf welche ich zum Schlusse komme, die Zeichnung eines ganzen

---

[1] Dieser Affe heisst bei den Eingeborenen in Borneo „monjet mera", d. i. „roter Affe". Ich habe zunächst an den Semnopithecus cruciger, Thomas gedacht, der auch rot ist, weil Selenka diesen Affen S. 309 erwähnt und sich sonst nichts von ihm vorfindet, während Semnopithecus rubicundus nicht erwähnt wird.

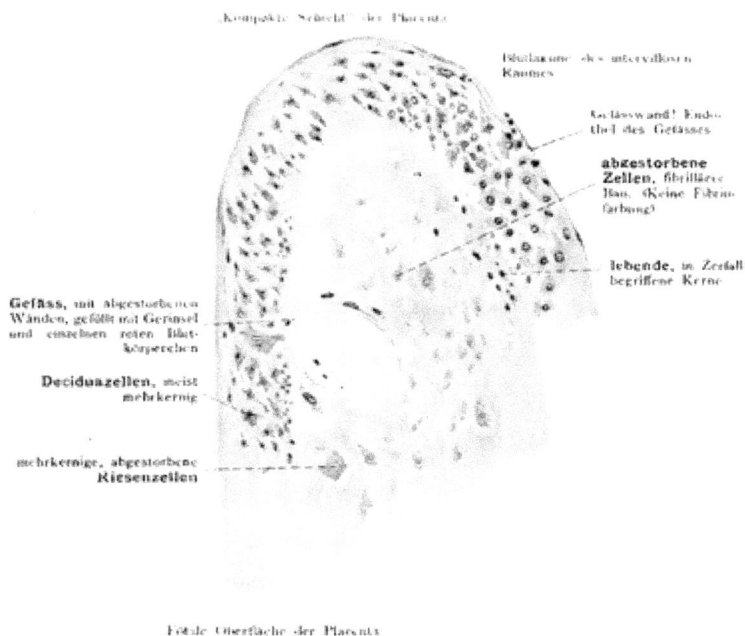

„Kompakte Schicht" der Placenta

Blutlacune des intervillösen Raumes

Gefässwand! Endothel des Gefässes

abgestorbene Zellen, fibrilläres Bau. (Keine Fibrinfärbung)

lebende, in Zerfall begriffene Kerne

Gefäss, mit abgestorbenen Wänden, gefüllt mit Gerinsel und einzelnen roten Blutkörperchen

Deciduazellen, meist mehrkernig

mehrkernige, abgestorbene **Riesenzellen**

Fötale Oberfläche der Placenta

Fig. 56

Fig. 57.

Fig. 56. [Die in Fig. 55 mit A bezeichnete Partie stärker vergrössert. Vergr. 1/3.]

Fig. 57. [Ein „roter Affe" im Uterus. (Semnopithecus rubicundus oder Semnopithecus cruciger.) Bez. II 11. Vergr. 1/2.]

Fig. 58. [„Roter Affe." Bez. II 12. Vergr. 1/2.]

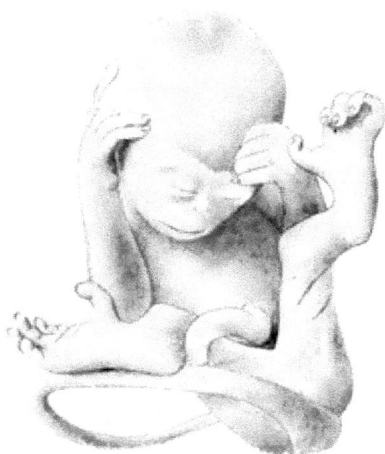

Fig. 58.

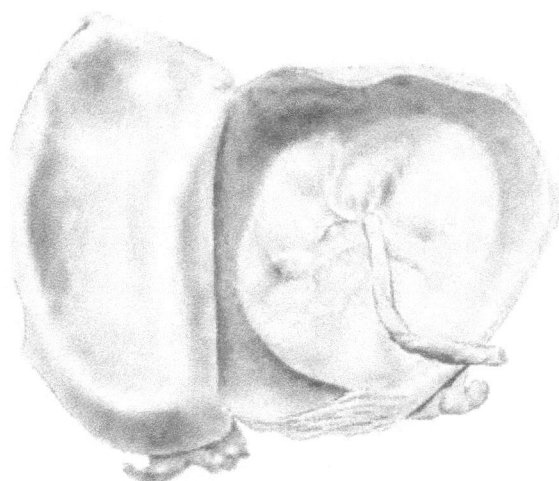

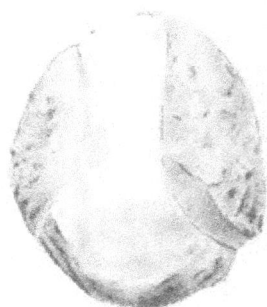

Fig. 59.

Fig. 60.

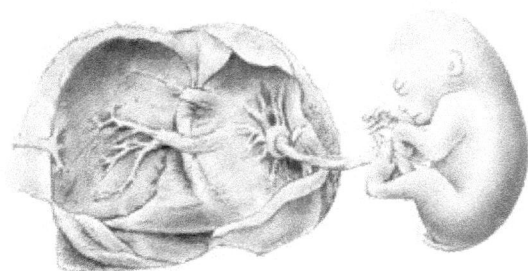

Fig. 61.

Fig. 62.

Fig. 59. [Placenta und Uterus des „roten Affen" H 10. Vergr. ¼.]
Fig. 60. [Ei von Inuus speciosus H 8. Dorso- und Ventroplacenta. Vergr. ⅓.]
Fig. 61. [Das in Fig. 60 dargestellte Ei von Inuus speciosus H 8 eröffnet. Vergr. ⅓.]
Fig. 62. [Embryo von Inuus speciosus H 3. Vergr. ⅓.]

48

Lies auf Dorso- und Ventro-Placenta [Bez. II 8] Fig. 60. Fig. 61 stellt dieses Ei eröffnet dar, der herausgenommene Embryo ist im Profil dargestellt, er hängt noch
durch den Nabelstrang mit dem Ei zusammen. [Bez. II 8]. — Einen älteren Embryo
von Inuus speciosus (Japan) zeigt Fig. 62. [Bez.: II 3.]

Den Schluss mögen fünf Darstellungen des äusseren Ohres bilden. Fig. 63
bis 65 stellen embryonale Ohren von Inuus speciosus dar. Fig. 63 u 64 und Fig. 65
sind zweimal vergrössert. Bei Fig. 63 weist die Bezeichnung II 3 darauf hin, dass

Fig. 63.

Fig. 64

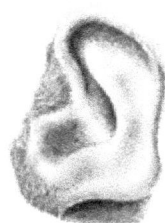

Fig. 66

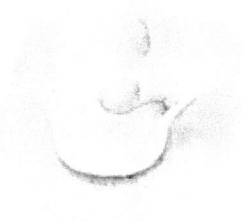

Fig. 65

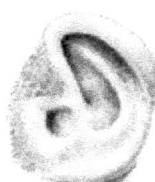

Fig. 67.

Fig. 63. [Ohr des Embryo von Inuus speciosus II 3. Vergr. ⁴⁄₁]
Fig. 64. [Ohr eines Embryo von Inuus speciosus. Bez. II 6. Vergr. ²⁄₁]
Fig. 65. [Ohr eines Embryo von Inuus speciosus. Bez. II 4. Vergr. ²⁄₁]
Fig. 66. [Ohr eines Orang-Utang. Vergr. ³⁄₁]
Fig. 67. [Ohr eines Orang-Utang. Vergr. ³⁄₁]

es sich um ein Ohr des in Fig. 62 dargestellten Embryo handelt, Fig 64 ist mit II 6,
Fig. 65 mit II 4 bezeichnet. Bei diesen Zeichnungen lagen zwei Zeichnungen von
Orang-Utang-Ohren in natürlicher Grösse. Fig. 66 und 67 geben sie wieder. Mehrere
Auszüge und verstreute Notizen wiesen darauf hin, dass SELENKA sich für die Ent-
wickelungsgeschichte des äusseren Ohres lebhaft interessierte, irgend welche nähere
Ausführungen haben sich aber nicht gefunden [1].]

[1] Vergl. auch Fig. 42, S. 362 und 43, S. 363.]

Erklärung von Tafel 12.

Cercocebus cynomolgus, *Cr.*, gemeiner Makak, von Java.

A Amnion.

All Allantoisschlauch (Fig. 2, Fig. K u. L).

Ao Aorten.

Au Augenblasen (Fig. A).

b Verlötung des Wolff'schen Ganges mit dem Integument (Fig. G).

c Herz.

C Chorda.

Ch Chorion (Fig. 1

D Dottersack.

Dc Ductus Cuvieri Fig. 2).

g Vena umbilicalis (Fig. F).

Gd Gefässe des Dottersacks (Fig. E).

gh Labyrinthgrübchen (Fig. C).

h Leberaussackung (Fig. 2, Fig. D).

H Haftstiel.

i Hautfurche hinter den Augenblasen (Fig. A).

j Vorderes Blindende des Venae jugularis (Fig. A).

k Kopfdarm.

L Cölom (Fig. K und L).

M Mesoderm (Fig. A).

Nbl Urnierenblastem (Fig. E bis H).

Nbv Nabelvenen

R Rückenmark.

S Septum transversum.

U Urwirbel (Fig. D) erster Urwirbel.

Ubl Urwirbelblastem (Fig. H bis K).

Uv Umbilikalvene (Fig. L).

V Vorderdarm.

W Wolff'scher Gang (Fig. G) aus zwei benachbarten Schnitten kombiniert; in Fig. E dessen Zusammenhang mit dem Urnierblastem *Nbl*

X Furche, als Rest der Verwachsungsstelle.

Y hintere Medullarplatte; vergl. Fig. 15.

16 der sechzehnte Urwirbel (Fig. F).

u Furchen neben der Epiglottis; vergl. Fig. 16.

Fig. 1. Dorsale Hälfte des Uterus. Das ventrale (sekundäre) Zottenfeld *H* ist von der Ventroplacenta abgerissen. — *Ch* das von Uterinschleim umspülte, glatte Chorion. — *I* Uteruslumen. Natürliche Grösse.

Fig. 2. Der Keimling bei 20 facher Vergrösserung. Alle vorhandenen Gefässe sind nach der Schnittserie eingetragen. Die rechtsseitige Umbilikalvene ist abgeschnitten gedacht. Amnion weggelassen. — Die punktierte Linie bezeichnet das Profil des Vorderarms.

Fig. A bis L. Querschnitte an den, neben Fig. 2 bezeichneten Orten. Vergrösserung ⅔. — In Fig. G ist das Amnion weggelassen.

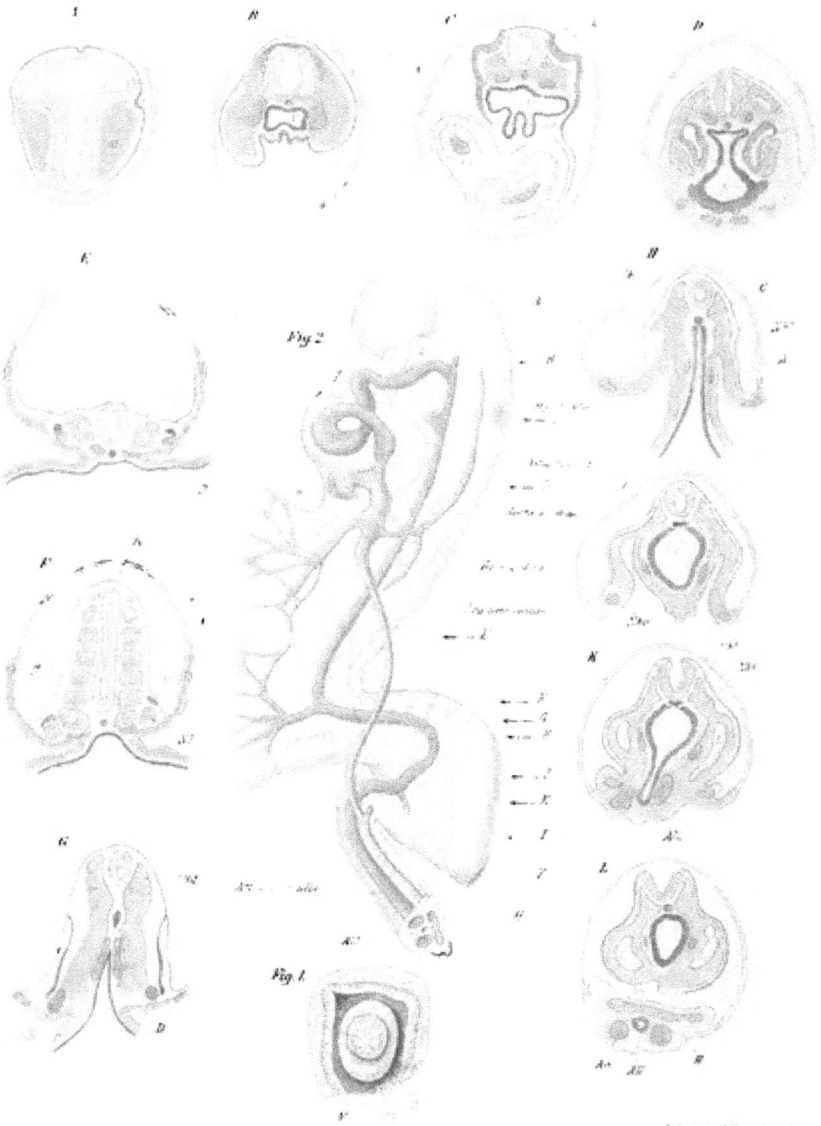

www.ingramcontent.com/pod-product-compliance
Lightning Source LLC
Chambersburg PA
CBHW022000190326
41519CB00010B/1347